KNAUR

»Grandios wissenslustig! Pflanzen würden Blasl lesen.«

Heike Sicconi, GartenRadio.fm

»Dieses Buch öffnet eine weitgehend unbekannte Seite der Botanik und macht das einzigartig! Unterhaltsam und lehrreich. Großer Dank an Klaudia Blasl dafür!«

Karl Ploberger, österreichischer Biogärtner der Nation

»Klaudia Blasl ist die Killerqueen des Gartenwissens. Jedes ihrer grandiosen Kompendien über kuriose und kriminelle Pflanzen macht mich schlauer – und furchtsamer, je mit ihr einen Kräutertee aus eigenem Anbau zu trinken.«

Meike Winnemuth, Autorin

Klaudia Blasl, steirische Journalistin und Buchautorin, begann Giftpflanzen anzubauen, um mehr über die Waffen in ihren Kriminalromanen zu lernen. Mittlerweile kultiviert sie in ihrem Geschichtengarten im Burgenland über 200 Arten und weiß so viel über die Kulturgeschichte von Pflanzen, dass ihre Bücher vom »Geo«-Magazin empfohlen wurden und sie 2023 den 1. Platz beim Deutschen Gartenbuchpreis verliehen bekam. Klaudia Blasl besitzt eine der größten privaten Bibliotheken über toxische Gewächse und begeistert in ihren Vorträgen Gartenfreunde, Krimifans und Naturliebhaber.

Klaudia Blasl

KEINE ZEIT, DER GARTEN RUFT

Die verblüffendsten Erkenntnisse über zickige Rosen, schlagfertige Bohnen und mörderische Petersilie

KNAUR

Besuchen Sie uns im Internet:
www.droemer-knaur.de

MIX
Papier | Fördert gute Waldnutzung
FSC® C083411

Originalausgabe Februar 2025

Ein Imprint der Verlagsgruppe Droemer Knaur GmbH & Co. KG
Maria-Luiko-Straße 54, 80636 München

Covergestaltung: © Margit Memminger, Lilli Flux Design
Coverabbildung: Illustration © Margit Memminger
Alle Abbildungen im Innenteil von Shutterstock.com
Satz und Layout: Adobe InDesign im Verlag
Druck und Bindung: CPI books GmbH, Leck
ISBN 978-3-426-56031-0

Kontaktadresse nach EU-Produktsicherheitsverordnung:
produktsicherheit@droemer-knaur.de

2 4 5 3

»Am leuchtenden Sommermorgen
Geh ich im Garten herum.
Es flüstern und sprechen die Blumen,
Ich aber, ich wandle stumm.«

(Heinrich Heine)

»›O Tigerlilie‹, sagte Alice zu einer Blüte,
die sich graziös nach allen Seiten verneigte,
›wenn du doch nur sprechen könntest!‹
›Ich *kann* sprechen‹, sagte die Tigerlilie,
›aber nur zu jemandem, der der Rede wert ist.‹«

(Lewis Carroll,
Alice hinter den Spiegeln)

Inhalt

Auf ein (Vor-)Wort!

Sie lieben Blumen? Sie sind gerne im Garten? Und Sie mögen frisches Gemüse, den Duft edler Rosen und das üppig blühende Alpenveilchen auf Ihrer Fensterbank? Dann haben wir eindeutig etwas gemeinsam.

Ich bin mittlerweile schon derart pflanzophil geworden, dass mich die kleinste Samenhandlung mehr erfreut als das größte Schuhgeschäft. Seit etwa zehn Jahren geben Blumen (besonders die bösen) sogar meinen beruflichen Ton an. Hauptsächlich in zahlreichen Büchern, die ich über sie und ihre geheimen, oftmals mörderischen Talente geschrieben habe, aber natürlich auch in eigenhändig angelegten Beeten und Rabatten.

Zwar wurde ich eher mit zwei linken Händen als mit zwei grünen Daumen geboren, aber nach einem Bandscheibenvorfall, etlichen dilettantischen Anzuchtbemühungen sowie der Lektüre unzähliger Gartenratgeber habe ich es irgendwann doch geschafft, tausend Quadratmeter Brachland mit Brombeergestrüpp und Brennnesselwildnis in eine blühende Oase zu verwandeln.

Ganz nach meinen Vorstellungen. Und vor allem ganz nach Lehrbuch. Schließlich bin ich Schriftstellerin und Pflanzenforscherin, kein Gartenbauprofi. Also viel Theorie, wenig Praxis. Am Ende sah das Ergebnis meiner gärtnerischen Irrungen und Wirrungen dennoch ganz passabel aus. Hier das Gemüse, dort die Stauden, links die Bienenweide, rechts ein Schattenbeet, an der Mauer die Rosen, mittig die Blumenrabatte, vor dem Kompost ein wildes Eck und etwas abseits meine Giftpflanzensammlung. Was mir an Erfahrung fehlte, machte ich durch hingebungsvolle Pflege wett. Jeden Wunsch las ich meinem Grünzeug von den Blättern ab, egal, ob sie nach Regenwasser, Pferdemist, Seifenlauge oder einem Schneckenkragen verlangten. Und mit der Zeit blühte und grünte es überall. Die Arbeit hatte sich gelohnt.

Ich war rundum zufrieden, und die Pflanzen schienen es auch, dachte ich zumindest.

Doch auf einmal schlug die harmonische Stimmung in meinem Paradiesgarten um. Statt dem üblichen friedvollen Miteinander brach ein mörderischer Konkurrenzkampf aus, der mir erst den Schlaf und dann den Verstand raubte.

Nahezu jedes Gewächs – vom Gänseblümchen bis zur Zombiegurke – zeigte sich plötzlich von einer völlig neuen Seite, verärgert, ungehorsam, aufmüpfig, geltungssüchtig und manchmal fast schon kriminell. Und glauben Sie mir, eine gekränkte Gurke ist weitaus schlimmer als jede beleidigte Leberwurst.

Dabei hatte ich mich wirklich um meine Pflanzen bemüht, doch gegen die Launen der Natur halfen weder Sichel noch Spaten, sondern nur ein botanischer Perspektivenwechsel. Und dazu hatte mein eigener Garten mich gezwungen, indem er mir eine ordentliche Gehirnwäsche verpasste. Leider nicht im Schonwaschgang …

Seitdem sehe ich Blumen, Stauden, Kräuter und Gemüse mit völlig anderen Augen. Ehrlich. Ganz ohne neue Brille oder eine Star-OP. Offensichtlich habe ich allzu lange nur klischeehaft gedacht und gegärtnert, mich oberflächlich, unsensibel und gebieterisch aufgeführt und die Besonderheiten meiner grünen Mitbewohner so hartnäckig ignoriert, bis die Postkartenidylle zum Schlachtfeld wurde. Ein typischer Fall von »selber schuld, selber leiden«. Doch da man aus Schaden bekanntlich klug wird, habe ich meinen botanischen Bildungsauftrag mittlerweile mehr als erfüllt, weiß die »inneren Werte« der Pflanzen entsprechend zu würdigen und gestehe ihnen sogar Meinungs- und Versammlungsfreiheit zu. Schließlich haben unsere Gartengewächse unendlich viel zu erzählen – man muss ihnen nur zuhören.

Und nun zu Ihnen. Sollten auch Sie keinen Wert auf böses Blut oder, besser gesagt, böses Chlorophyll in Ihren Beeten legen, dann machen Sie nicht die gleichen Fehler wie ich! Machen Sie es von Anfang an besser! Lernen Sie, Ihre Pflanzen zu verstehen, bewundern Sie ihre unglaublichen Fähigkeiten, achten Sie ihre Persönlichkeit – vom schüchternen Mauerblümchen über den kämpferischen Muskelprotz bis zum glamourösen Promisternchen der Hortikultur – und fragen Sie sich mal, wie viel Sie wirklich über Ihre grünen Lieblinge wissen:

- Wissen Sie, warum die Petersilie Giftpflanze des Jahres 2023 ist?
- Wissen Sie, dass Kopfsalat in Schockstarre verfallen kann?
- Wissen Sie, weshalb man die Rose als Königin der Blumen bezeichnet?

- Wissen Sie, was man unter dem Maiglöckchen-Phänomen versteht?
- Wissen Sie, wozu man in Klostergärten den tödlichen Schierling kultivierte?

- Wissen Sie, dass ausgerechnet der erotisierende Safran frigide ist?
- Wissen Sie, welche Auswirkungen das Tulpenfieber hatte?
- Wissen Sie, dass Reis mehr Gene besitzt als der Mensch?
- Wissen Sie, was Tomoffeln sind?
- Wissen Sie, dass Christrosen als erste biochemische Kampfwaffe gelten?

Konnten Sie mehr als sieben Fragen mit »Ja« beantworten, dann herzliche Gratulation! Sie sind ein echter Pflanzenversteher und müssen nichts befürchten. Doch bei mehr als drei »Nein« sollten Sie dieses Buch lesen, bevor auch Ihr Garten schmollt, sich gegen Sie wendet und ein echter Rosenkrieg ausbricht.

Pflanzen sind schließlich weitaus mehr als die Summe aus Blättern, Blüten, Wurzelwerk und Bodenbeschaffenheit – sie sind einzigartige Persönlichkeiten mit all ihren guten und schlechten Eigenschaften. Bereits Hermann Hesse, ein leidenschaftlicher Hobbygärtner, stellte menschliche Züge an seinen Gewächsen fest und sprach von ihnen als Sparer oder Verschwender, gute oder schlimme Nachbarn. Und damit hatte er absolut recht.

Wie alles begann oder Morgengrauen mit Bohne

Es war kurz vor fünf. Die Schlinge um meinen Hals zog sich erbarmungslos zusammen. Zentimeter um Zentimeter. Ich bekam kaum noch Luft, meine Lungen brannten wie Feuer, jeder Atemzug wurde zur Qual, während mein Brustkorb zu platzen drohte. »Hilfe!«, röchelte ich mit letzter Kraft, doch die dicken grünen Stränge gaben keinen Millimeter nach. So fühlte es sich also an, wenn man starb. Vor meinen Augen zogen trübe Schlieren vorüber, das Herz machte panisch ein paar holprige Sprünge, die Muskeln begannen schmerzhaft zu krampfen, nur mein Verstand wehrte sich bis zum Schluss. Ersticken schien mir definitiv kein schöner Tod zu sein, weder für einen selbst noch für die Hinterbliebenen.

Schließlich war eine Leiche im Gemüsebeet schon aufsehenerregend genug, doch wenn es sich dabei auch noch um eine bekannte Krimiautorin und Giftpflanzenexpertin handelte, die im geblümten Flanellpyjama mit grotesk verzerrten Zügen, weit aufgerissenem Mund und einer Frisur wie Struwwelpeter tot zwischen den Salatköpfen lag, würde das mehr Staub aufwirbeln als Sturmtief Zoltan. Eine furchtbar peinliche Vorstellung. Ich wollte keinesfalls als Titelbild der Skandalpresse enden. Nicht jetzt und nicht in zwanzig Jahren. Wenn schon sterben, dann umweht von einer Aura brennender Leidenschaft, im kleinen Schwarzen, frisch vom Friseur und auf Rosen in meine Hängematte gebettet. Oder zumindest nach einer Überdosis Safran rundum entspannt und heiter ins Gras beißen. In dem Fall schied man unter Lachanfällen und erotischen Wahnvorstellungen aus dem Leben, was bestimmt angenehmer war, als von einer banalen Bohnenranke erwürgt zu werden.

Noch einmal versuchte ich, die mörderische Schlinge um meinen Hals zu lockern, aber gegen die Kraft von Feuerbohnen hatte ich keine Chance. Für den Weltmeister im Gewichtheben war sogar ich mit meinen doch recht barocken Formen ein Leichtgewicht. Immerhin hatten diese Hülsenfrüchte in einem spektakulären Versuch bewiesen, 600 Kilo stemmen zu können, während ich schon schlapp machte, wenn ich einen Zwanzigklitersack Blumenerde in die Schubkarre hieven musste.

»Warum?«, konnte ich gerade noch krächzen, dann starb ich.

Zum Glück währte mein Tod nicht allzu lange. Bereits wenige Minuten später verhalf mir mein schwarzer Kater zu einer veritablen Auferstehung. Mit lautem Schnurren und kräftigen Milchtritten in den Unterbauch katapultierte er mich aus diesem botanischen Albtraum in die Wirklichkeit meines Schlafzimmers zurück. Ich lag im Bett, nicht im Gemüsebeet, hatte alles nur geträumt. Um mich herum sah es aus wie immer. Die Wände schimmerten in blassem Burgunderrot, auf der Biedermeierkommode lag eine feine Staubschicht, die Pendeluhr tickte leise vor sich hin, und wenn mich der wieder mal bedenklich hohe Bücherstapel auf dem Nachttisch nicht unter sich begrub, war ich meines Lebens hier absolut sicher.

»Danke«, flüsterte ich und kraulte dem Kater zärtlich den Kopf. »Dafür hast du dir eine doppelte Portion feinste Kabeljauhäppchen in cremiger Soße verdient.« Vorsichtig setzte ich meinen tierischen Retter auf ein Kissen, erhob mich beschwingt, nahezu euphorisch, und rannte Richtung Badezimmer. Meine mit abendlichen anderthalb Litern Kräutertee gefüllte Blase hatte doch ziemlich heftig gegen diesen morgendlichen Liebesbeweis protestiert, aber besser ein kurzer Blasendruck als ein langer Albdruck.

Eine knappe Stunde später betrat ich frisch geduscht und vollständig bekleidet meinen Garten. Die Sonne schien, die Amseln zwitscherten, der Himmel versprach einen strahlend schönen Tag, doch mir saß das Morgengrauen mit Bohne immer noch in den Knochen.

Mit weichen Knien ließ ich mich auf einen Schaukelstuhl fallen und betrachtete mein üppig blühendes Reich. Fast zehn Jahre und das Äquivalent eines durchschnittlichen Botanikstudiums hatte es mich gekostet, hier im Süden Österreichs Hunderten teils sehr seltenen Gewächsen in meinem Lehrgarten ein Zuhause zu geben. Vom Adonisröschen bis zur Zaunrübe kultivierte ich alles, was historisch bedeutsam, dekorativ und tödlich war. Als literarische Giftmischerin wollte ich die Protagonisten meiner Geschichten vollzählig um mich versammelt wissen, um mich von ihnen inspirieren zu lassen. Stattdessen fühlte ich mich nun beinahe ein wenig bedroht.

»Blumen sind die Liebesgedanken der Natur«, hatte Bettina von Arnim einst behauptet, aber nach meinem heutigen Albtraum war ich mir da nicht mehr so sicher. Konnte es tatsächlich sein, dass mich die Schwarzäugige Susanne in Wahrheit feindselig anstarrte? Vernahm ich da nicht ein leises Knurren von den Löwenmäulchen? Fletschte das Bilsenkraut etwa seine Staubbeutel, und was war mit den Sonnenblumen los? Die sahen aus, als hätten sie sich vorsätzlich von mir abgewandt. Bei näherer Betrachtung gewann ich sogar den Eindruck, dass Bobbie James, die herrlich duftende weiße Ramblerrose, über Nacht doppelt so große Stacheln bekommen hatte. Botanisch betrachtet haben Rosen tatsächlich Stacheln, Kakteen hingegen Dornen.

Beunruhigt nippte ich an meinem Kaffee.

»Alles in Ordnung?« Mein Mann war mit der Zeitung an den Tisch getreten. Da ich normalerweise erst schlafen ging, wenn er bereits aufstand, hatten wir getrennte Schlafzimmer.

»Klar.« Ich heuchelte maximale Gleichgültigkeit. »Warum fragst du?«

»Du hast Kaffee verschüttet, weil deine Hand zittert. Du fixierst diese Zwergtulpen, als würden sie dich gleich beißen. Und du bist geschminkt und angezogen wie für einen Fernsehauftritt. Hose, Bluse, Schal, Schuhe, Lippenstift. Um sechs in der Früh.«

Rasch schob ich den kleinen Blumentopf auf dem Gartentisch weiter von mir weg.

»Das sind Ranunkeln«, murmelte ich. »Und du hast recht, nichts ist in Ordnung. Ich hatte einen furchtbaren Traum. Die ganzen Pflanzen in meinem Garten haben sich gegen mich verschworen, mich als anmaßende, rücksichtslose und engstirnige Diktatorin beschimpft, mit ihren Blättern nach mir geschlagen und sich über die unerträgliche Alleinherrschaft beklagt, die ich ihnen zufolge ausüben würde. Damit nicht genug, haben sie sich entschieden dagegen verwehrt, nur als Vorgartenzierde, Grünraumaufhübschung oder Kochtopffüllung gesehen zu werden, denn sie hätten noch tausend andere Talente. Dann hat die Feuerbohne auch noch auf Muskelprotz gemacht und mich beinahe mit ihren kräftigen Ranken erwürgt, um mir ihre Stärke zu beweisen. Es war der reinste Horror. Hätte Kater Boris mich nicht geweckt, hätte ich bestimmt einen Herzinfarkt bekommen.«

Ich wollte gar nicht mehr daran denken, was für üble Unterstellungen sie mir im Laufe meines Albtraums an den Kopf geworfen hatten.

»Du Arme, das klingt wirklich nach einer bewegten Nacht«, meinte mein Mann und schenkte mir fürsorglich Kaffee nach.

Eine Tasse lang schlürften wir einträchtig vor uns hin, dann musste ich es einfach wissen.

»Findest du eigentlich auch, dass ich dominant und herrschsüchtig bin?«

»Nein, natürlich nicht. Auf gar keinen Fall.« Nach neun gemeinsamen Jahren hatte Franz ein gutes Gespür für explosive Fragestellungen entwickelt. »Aber …«

»Aber was?«

»Aber im Grunde entscheidest schon du, wo was zu wachsen hat.«

Natürlich tat ich das. Jeder Gärtner tat das, sonst gäbe es gar keine Gärten, sondern nur flächendeckend wildwüchsiges Beikraut. Die sogenannten Kulturpflanzen, egal, ob Rosen, Tulpen, Nelken, Engelstrompeten, Dill oder Tomaten, mussten ja bedürfnisgerecht gepflanzt werden.

Und ich bemühte mich immer, allen ihren Anforderungen nach Licht oder Schatten, Dünger, Wasser, Kompost, Bodenbeschaffenheit und Streicheleinheiten nachzukommen, steuerte darüber hinaus noch gesunde Mikroorganismen bei, sammelte bösartige Fressfeinde wie Reiswanzen oder Kartoffelkäfer ab – und das war der Dank.

Wobei ich das Protestgeschrei andererseits schon verstand. Jedes Gewächs im Garten, sah man vom anarchistisch wuchernden Unkraut mal ab, unterlag einer Zwangsvergesellschaftung. Als würde man Menschen unterschiedlicher Herkunft, mit verschiedenen Ansichten, Sprachen, Bedürfnissen und Persönlichkeiten in ein riesiges Mehrparteienhaus zwängen, obwohl sie sich untereinander weder ver-

noch ausstehen konnten. In sehr jungen Jahren, während meiner Studienzeit, hatte ich selbst mal in einem ziemlich großen Wohnblock gelebt, mit einer fußballfanatischen Großfamilie zur Linken, einem Bikertreff direkt gegenüber und einem Posaunisten zur Rechten. Freunde waren wir auch keine geworden, aber mein Interesse an Giftmorden stammte vermutlich aus jener Zeit.

Im Schlaf, als meine grünen Mitbewohner auf einmal sprechen konnten, hatten sich zum Beispiel fast alle sehr abfällig über die Edelrosen in ihrem Umfeld geäußert. »Ich würde doch zu gerne wissen, worauf die auch noch stolz sind«, hatte sich der Rittersporn mokiert. »Die können doch rein gar nichts, diese Angeber, außer sich selbst in Szene zu setzen und ein paar Tage im Jahr aufdringlich vor sich hin zu duften. Trotzdem führen sie sich auf, als wären sie die Königinnen hier.«

Und die anderen Zierpflanzen ringsum hatten zustimmend mit ihren Blüten genickt. »Genau. Schrecklich arrogant sind sie, eine nichtsnutzige, geizige Familie, die sich einbildet, was Besseres zu sein«, hatte der Lavendel gezischt, der früher mal ein direkter Nachbar der Edelhölzer gewesen war. Aber da Zuchtrosen ihre Nährstoffe ungern teilten und es nicht mochten, wenn ihnen andere Gewächse auf die Wurzeln stiegen, hatte ich den Lavendel letztlich umsetzen müssen.

Selbst die bescheidenen Gänseblümchen, die keinerlei Territorialverhalten zeigten, ließen kein gutes Blatt am floralen Adel. »Das sind echt die Kardashians unter uns Blumen«, lautete ihr einstimmiges Urteil. »Prestigesüchtige Promisternchen, affektierte Supermodels mit tausend Gewändern, die nur von Schönheit leben, ständig auf unnahbar machen und jede Menge Ansprüche stellen. Völlig abgehoben. Aber Großartiges geleistet haben die nie.«

Und wieder wackelten die anderen Pflanzen zustimmend mit ihren Blättern. Es schien, als hätte sich der gesamte Garten gegen die Vormachtstellung der dornigen Duftpflanzen verschworen.

Bei Tageslicht und nach der zweiten Tasse Kaffee betrachtet, hörte sich das alles natürlich recht unglaubwürdig an. Pflanzen kommunizierten zwar, da war sich die Wissenschaft mittlerweile einig, jedoch auf biochemischem Weg oder mittels elektrischer Signale, wobei es einigen Forschern tatsächlich gelungen war, die »Sprache der Botanik« dank ausgeklügelter technischer Hilfsmittel in verständliche Worte zu übersetzen.

Normalerweise bekam das menschliche Gehör von den Gesprächen unserer grünen Gartenbewohner nichts mit, was durchaus seine Vorteile hatte, denn stellen Sie sich mal vor, jeder Einzelne läge Ihnen mit seinen speziellen Wünschen stundenlang in den Ohren. Da möchte der Kirschbaum ein wenig an der Rinde gekratzt werden, die Azalee hätte den Boden lieber etwas saurer, und das einsiedlerische Gottesgnadenkraut würde sein tägliches Fußbad einfordern, aber bitte nur mit kalkarmem, lauwarmem und rechtsdrehendem Regenwasser.

Klingt anstrengend, oder?

Mich persönlich brachte bereits die »normale« Arbeit an meinem grünen Paradies zeitweise an den Rand eines Nervenzusammenbruchs oder eines Muskelkaters, je nachdem.

Vor einigen Monaten etwa, als ich hoffnungsloser Deadline-Junkie verzweifelt die letzten zehntausend Zeichen für mein neues Manuskript in die Tasten hämmerte, war das Thermometer auf tropische 35 Grad geklettert, der Wasserschlauch einer Materialermüdung erlegen und mein Mann außer Haus gewesen. Drei Stunden lang hatte ich nur Gießkannen geschleppt – dann kam ein Gewitter.

Dank meiner nächtlichen Offenbarung wusste ich nun auch um die Nachteile botanischer Wortlosigkeit. Wenn wir mit Liebe und Leidenschaft ein prächtig blühendes, mit dekorativen Steinen eingefasstes Rondell anlegten, um uns am hübschen Anblick zu erfreuen, fühlten sich die Stauden darin womöglich in ein Ghetto versetzt. Gegen ihren Willen und gegen ihre Vorlieben.

Und kaum hatten sie ausreichend Wurzeln geschlagen, wurden die schönsten von ihnen entweder von Insekten angeknabbert, von Hasen aufgefressen oder für die Blumenvase abgeschnitten.

»Ihr Menschen habt doch keine Ahnung von unserem wahren Wesen oder gar unseren inneren Werten«, war die Petersilie mit mir und meinesgleichen hart ins Gericht gegangen. »Ständig steckt ihr uns nur in irgendwelche Schubladen, weil es euch so passt. Aber uns passt es nicht. Wir haben Charakter, wir haben Geschichte geschrieben, und wir verfügen über ein gigantisches Potenzial an Fähigkeiten, das ihr mit eurem Ordnungswahn völlig ignoriert.«

Egal, ob Kräuter, Gemüse, Busch oder Blume, sie alle seien nicht allein zum Essen oder zum Anschauen da, kritisierte sie den gärtnerischen Tunnelblick. Immer würden wir von Nutz-, Zier- und Wildpflanzen reden, eine für die Chlorophyllproduzenten selbst absolut sinnlose Einteilung.

Vor lauter Zorn hatten ihre Blätter einen giftgrünen Glanz angenommen, was ihr als Giftpflanze des Jahres 2023 durchaus gut stand. Wäre das aromatische Küchenkraut ein Mensch, es würde aufgrund seiner unzähligen Fähigkeiten garantiert ein Hochbegabtenstipendium erhalten. Jahrhundertelang begehrt als Rauschdroge, Medikament, Abortivum und Potenzmittel, hatte die Petersilie sogar Kriege entfacht, was nur wenige botanische Geschöpfe von sich behaupten konnten.

Seit gestern Nacht hatte ich die Staude jedenfalls auch im Verdacht, umstürzlerisches Gedankengut zu hegen, um die Rosen durch einen Putsch von ihrem Thron zu stoßen. In meiner blühenden Fantasie sah ich bereits eine flächendeckende Untergrundbewegung vor mir, ein aufmüpfiges, expansives Wurzelwerk, dessen Ziel in der Abschaffung der Erbmonarchie lag. Schließlich galten die dornigen, duftenden Diven seit Ewigkeiten als Krönung der züchterischen Gartenschöpfung. Eine spannende Vorstellung, die ich mir gleich für den nächsten Roman notierte. Titel: Die Rache des Grünzeugs oder Aufstand im Blumenbeet. Vielleicht sollte ich mich erstmals ins Horror-Genre begeben, in Richtung *Friedhof der Kuscheltiere,* nur eben mit Gartenpflanzen.

Die griechische Dichterin Sappho hatte ja schon um 600 v. Chr. festgestellt, dass die Rose der Blumen Königin sei, weshalb ihr gewohnheitsmäßig der beste Platz im Garten gebührte. Auch ich machte da keine Ausnahme. Während Akelei, Fingerhut und Zucchini mit Restplätzen vorliebnehmen mussten, weil sie sowieso recht pflegeleicht waren, pochten die Rosen auf ihre Privilegien. Der Boden sollte locker, nährstoffreich und mit passendem pH-Wert versehen sein, das Klima warm, aber nicht zu heiß. Temperaturschwankungen, Stickstoffmangel und Staunässe vertrugen sie schlecht, und auf dem ersten feuchten Blatt lauerte der Sternrußtau. Im Grunde waren sie wie Katzen. Ständig brauchten sie Servicepersonal.

Außerdem mussten sie zum Friseur. Öfter als ich. Immer ein neuer Schnitt, denn noblesse oblige. Bei uns läutete der Satz »Wir müssen die Rosen schneiden« jedenfalls zuverlässig die gärtnerischen Passionsspiele ein. Ich zwängte mich mit der Gartenschere durchs Gestrüpp, mein Mann versuchte mit allen Mitteln, mir die Dornen vom Leib zu halten. Es funktionierte nie.

Nur die partnerschaftliche Kommunikation schrumpfte unweigerlich auf Kindergartenniveau. »Pass doch auf!« »Aua! Das tut weh.« »Verdammte Dornen!« »Dauert's noch lang?« »Miststück, dämliches!«

Trotz aller Unannehmlichkeiten, die die Rosen ihren Züchtern bescherten, existierten weltweit mittlerweile an die dreißigtausend unterschiedliche Sorten, gefüllte und ungefüllte, Bodendecker und Kletterkünstler, bunte und einfarbige, empfindsame und robuste – wovon viele zumindest das Auge und die Insekten erfreuten –, doch das schien den übrigen Pflanzen kein ausreichender Grund für eine Sonderstellung zu sein. Mein Garten favorisierte offenbar eine Gesellschaftsordnung, in der es um Leistung, nicht um Liebreiz ging. Die alteingewachsene Aristokratie sollte gefälligst abtreten und einem volksnahen und tüchtigen Souverän Platz machen, hieß es.

Mir hatte es die Bohnenranke zugeflüstert, bevor sie mich in ihren Würgegriff nahm. Als Kraftprotz, Giftmörder, Duellant, Wahlhelfer und Powerfood rechnete vermutlich auch sie sich reelle Chancen aus, zum neuen Gartenoberhaupt gekürt zu werden.

»Sag, wie findest *du* eigentlich unsere Rosen?«, fragte ich meinen Mann, der sich mittlerweile in ein Kreuzworträtsel vertieft hatte und angestrengt nach einem Nebenfluss der Wolga mit fünf Buchstaben suchte.

Irritiert sah er auf.

»Wie ich sie finde?«

»Ja. Ich möchte wissen, was du von ihnen hältst.«

»Sind eh schön.«

Eben. Nur die Optik zählte. »Und sonst?«

»Sonst was?«

»Was fällt dir noch zu ihnen ein? Womit bringst du sie in Verbindung? Welche Meinung hast du von ihnen?«

Mein Mann legte die Stirn in Falten, während er einen sehnsüchtigen Blick auf sein Kreuzworträtsel warf. »Mit Rosen verbinde ich nur Blattläuse, Parfüm, Heiratsanträge und blutige Schrammen, seit ich das Holztor neben diesem roten Kletterwunder reparieren musste. Weiter habe ich wirklich noch nie nachgedacht.«

»Da siehst du's!« Heute Nacht hatte ich meine Mission begriffen, ich würde von nun an Aufklärungsarbeit leisten und allen Pflanzen zu mehr Wertschätzung für ihre einzigartigen Fähigkeiten, ihre unvergleichliche Persönlichkeit und ihre epochalen Beiträge zur Menschheitsgeschichte verhelfen. »Das ist eine oberflächliche und eindimensionale Betrachtungsweise. Rosen sind total unbeliebt unter den anderen Gartenbewohnern, weil sie nur selten Teil der botanischen Leistungsgesellschaft sind und optische Reize in der Pflanzenwelt nicht viel zählen. Außerdem gelten sie als arrogant und angeberisch.«

»Wer sagt das?«

»Die anderen Blumen.«

Die Stirnfalten vertieften sich in Richtung Sorgenfalten. »Ist wirklich alles in Ordnung mit dir?« Franz warf einen verräterischen Blick auf das Thermometer.

Als würde ich mediterranes Gemüt je einen Hitzschlag erleiden. Ich musste mich wohl deutlicher ausdrücken. Bei Bäumen und Pilzen bewunderte man doch auch deren oftmals fantastische Fähigkeiten, schrieb ihnen alle möglichen menschlichen Eigenschaften zu, umarmte sie und sprach von Geschöpfen des Waldes, während man Pflanzen meist nur nach ihrem Nutz- und Zierwert beurteilte. Im Grunde ähnlich reduktionistisch wie bei den Tieren. Die einen freuten den Magen, die anderen das Herz, und die »Wilden« waren Selbstversorger, auf die brauchte man gar keinen Gedanken zu verschwenden.

Dabei hatten Gewächse aller Art medizinische Wunder bewirkt, Kriege gewonnen, Karriere in der Automobilindustrie gemacht, Strom erzeugt, Sport betrieben, Duelle ausgefochten, hatten als Droge, Schönheitsmittel, Schwangerschaftstest, Gottesurteil, Zungenbrecher, Viagra und Narkotikum gedient oder sich als Lügendetektor, Massenmörder und Wetterfrosch profiliert.

Der Zell- und Molekularbiologe Anthony Trewavas hatte schon recht, wenn er behauptete, dass nichts in der Welt der Pflanzen zu verrückt klingt, um nicht wahr zu sein.

Meine nächtliche botanische Offenbarung beispielsweise war ebenso wahr wie verrückt. Durch sie bahnte sich eine revolutionäre gärtnerische Kurswende an, davon war ich überzeugt. Vor meinem inneren Auge sah ich mich bereits als Ehrengast auf der Chelsea Flower Show, umgeben von allen meinen beredten Pflanzen, deren Heldentaten dank mir nun endlich der breiten Masse zu Ohren kämen. Damit nicht genug, würde ich eine Petition für mehr Selbstbestimmung im Beet initiieren und womöglich schon den neuen Thronfolger meines grünen Reichs präsentieren können. Demokratisch gewählt von den Gartenbewohnern selbst, was sogar die Bohne besänftigen sollte.

So weit mein Wunsch. Die Wirklichkeit sah anders aus. Vor meinen äußeren Augen saß immer noch mein Mann und blickte mich beunruhigt an.

»Was jetzt?« Seine Sorgenfalten hatten mittlerweile reliefartige Ausmaße angenommen.

»Was was?«

»Ich habe dich vorhin was gefragt!«

Stimmt. Hatte er. Aber mir fiel keine passende Antwort ein. Ein knappes »Nein« würde der vergangenen Horrornacht nicht gerecht, ein schlichtes »Ja« die epochale Bedeutsamkeit meiner Entdeckung mindern … »Wenn das eine Anspielung auf meinen Geisteszustand war: NEIN. Ich bin nicht verrückt geworden, ganz im Gegenteil. Ich fühle mich eher auserwählt. Schließlich hat mein Garten zu mir gesprochen, zwar nur im Traum, aber dafür sehr deutlich. Von nun an werde ich als Stimmrohr bzw. Fürsprecher meiner Pflanzen auftreten und ihre Botschaft in die ganze Welt tragen.«

Franz zog die linke Augenbraue hoch. »Verstehe. So wie die Zeugen Jehovas, nur statt dem *Wachtturm* mit einem Blumentopf in der Hand.«

»Ich meine das absolut ernst.«

»Natürlich.«

Wie ich diesen beschwichtigenden Tonfall hasste! Heute Mittag würde die Küche kalt bleiben. Strafe musste sein.

Meiner Ansicht nach bewiesen die ganzen unbekannten Seiten der Gartenflora jedenfalls ausreichend, dass Pflanzen nicht nur über Blüten, Nektar und Vitamine verfügten, sondern auch über Charakter. Unter ihnen gab es Einzelkämpfer und Teamplayer, Angsthasen und Aggressoren, die Femme fatale und das Aschenputtel, manche waren gewissenlos, schadenfroh, depressiv oder rachsüchtig, andere wiederum hilfsbereit, strebsam, ängstlich oder draufgängerisch.

Und das würde ich meinem Mann nun anhand eines ganz einfachen Beispiels erklären. Damit er wirklich verstand, was ich meinte, und nicht nur so tat, als ob. Mit einem Griff entzog ich ihm die Zeitung. »Hör mir jetzt einfach mal gut zu!« Ein Satz, der garantiert jedem männlichen Wesen zwischen acht und achtundachtzig Schauer über den Rücken jagte.

Auch Franz wagte fürs Erste keinen Widerspruch.

»Nehmen wir zum Beispiel die Tulpen! Also nicht die auf dem Tisch, das sind immer noch Ranunkeln, sondern die dort drüben im Beet.«

Er blickte vage in die richtige Richtung. Ihm lagen Pflanzen nicht sonderlich am Herzen, er hatte sie lieber im Magen.

Tulpen zählten zweifelsohne zu den größten Verlierern unter den Pflanzen, denn ihnen hatte das Schicksal bzw. die Gier der Menschen ganz böse mitgespielt. Dass sie heute als verbitterte, missmutige alte Damen dastanden, die traurig die Köpfe hängen ließen, wunderte mich nicht.

In ihrer Jugend, Ende des 16., Anfang des 17. Jahrhunderts, als sie aus dem fernen Orient gerade erst nach Europa immigriert waren, galten die Liliengewächse ja als Shootingstars der niederländischen Floristik. Auf den Laufstegen der Blumensammler fuhren sie Gagen ein wie heute die Topmodels von Gucci, während man sie beklatschte, begehrte und kunstvoll porträtierte. Schon bald wurden die botanischen Spekulationsobjekte an der Börse gehandelt, erzielten haarsträubend hohe Gewinne und erwirkten oft Kurssteigerungen von über tausend Prozent. Verglichen mit dem einstigen Wert bestimmter Tulpen hätte man Diamanten aus der Kaffeekasse bezahlen können. Rembrandt brachten seine Bilder nicht einmal den Bruchteil der Rekordsummen ein, mit denen die Frühblüher zwischen 1620 und 1637 rechnen konnten. In nur wenigen Jahren verbreitete sich ein ungesundes, oft tödliches Tulpenfieber, das viele um ihre gesamte Existenz brachte. Auch den berühmten Maler.

»Das musst du dir einmal vorstellen. Um den horrenden Preis einer einzigen Semper-Augustus-Zwiebel könnte man sich heute noch einen Tesla in die Garage stellen, während man damals zwei Fuhrwerke, ein kleines Schiff, ein Bett, acht fette Schweine, Wein, Bier, Butter, einen silbernen Kelch und siebzig Tonnen Getreide dafür bekam. Angeblich gab es von dieser berühmten Sorte ohnedies nur zwölf Stück, und die hat man besser gehütet als den Heiligen Gral.«

»Was du nicht sagst …«

»Das sag nicht nur ich, das ist historisch verbürgt.«

Insgeheim verstand ich ihn ja. Eine Frau, die von sprechenden Pflanzen fantasierte, eine Blumenzwiebel, für die man einst mehr bezahlte als für ein Amsterdamer Stadthaus in Bestlage – das fiel eindeutig nicht mehr unter frühmorgendliches Frühstücksgeplauder.

»Also war das Tulpenfieber im Grunde ein botanisch bedingter Gehirnschnupfen.«

»So in etwa. Aber darum geht es mir gar nicht. Ich will eigentlich ganz was anderes sagen.«

»Jaaaa?«

»Tulpen waren damals eben hoch angesehene, elitäre und überbezahlte Geschöpfe. Und auf einmal stellte man fest, dass sie ihre reizvollen panaschierten Blütenblätter nicht vererben konnten, denn die heiß begehrten Blattzeichnungen waren meist gar nicht ihr Werk, sondern das von grindigen kleinen Blattläusen, die die Blumen mit dem Mosaikvirus infizierten, das erst zu den ausgefallenen Mustern, Farben und Formen führte. Eine grauenhafte Blamage für die ganze Art. Quasi über Nacht hatte man die Grande Dame der Ziergärten als unzuverlässige Hochstaplerin entlarvt. Umgehend sank sie in der Gunst sämtlicher Blumenfreunde, und ihr Preis fiel ins Bodenlose.« Dass sie zuvor Hunderte Existenzen in den Bankrott getrieben hatte, würde man ihr nie vergessen.

»Tragische Geschichte«, kommentierte der Mann relativ ungerührt. »Aber so müssen wir wenigstens keine Hypothek aufnehmen, wenn du wieder Blumenzwiebeln brauchst.«

Ein gemeiner Kommentar, fand ich. Ich würde wohl auch abends keine warme Mahlzeit auf den Teller zaubern. Als Gartenbesitzer hatte man eben nie genug Blumenzwiebeln. Das war eine unumstößliche Tatsache. Irgendwo gab es immer eine Lücke zu füllen, entweder weil die Wühlmaus sich wieder die Wampe vollgeschlagen hatte oder weil man eine mehr als zehn Quadratzentimeter große ungenutzte Fläche entdeckt hatte, in die locker noch zwei Pflänzchen passten. Doch jetzt wollte ich mich nicht vom wahren Thema ablenken lassen.

»Ja. Ich meine Nein. Mir geht es um die Moral von dieser Geschichte. Aus dem einstigen Luxusweibchen der Hortikultur ist im Laufe der Zeit ein banales Billigprodukt aus Massenproduktion geworden, das sich an Supermarktkassen und Tankstellenshops zum Spottpreis prostituieren muss und dutzendfach in jede Frühlingszwiebelmischung gestopft wird. Total deprimierend. So was schlägt einem garantiert schwer aufs Gemüt.«

Ich konnte das durchaus nachvollziehen. Wir alle waren mal jünger, hübscher und begehrter gewesen, und wenn ich manchmal in den Spiegel blickte, war mir selbst danach, den Kopf hängen zu lassen, doch zumindest musste ich nicht in Zellophan gewickelt an Tankstellen herumlungern, um an den Mann (oder die Frau) gebracht zu werden.

»Was meinst du?«, fragte ich Franz. »Wie gefällt dir meine bahnbrechende Theorie?«

»Nobelpreisverdächtig. Wirklich.« Eilig trank er seinen Kaffee aus. »Aber ich fürchte, der Leim kocht, ich muss dann mal …«

Botanische Sozialstudien waren für weniger Pflanzenverrückte wahrscheinlich zu jeder Tageszeit nur schwer verdaulich. Als Tischler und Restaurator hatte Franz stets die passende Ausrede parat, wenn meine detaillierten Ausführungen über Grünpflanzen, Giftpflanzen oder Gemüsepflanzen an seiner Großhirnrinde keinen Halt mehr fanden. Er trollte sich dann mit vorgetäuschtem Bedauern zu seinen Möbelstücken, die höchstens ein wenig knarzten, ihm aber niemals etwas erklären wollten. Auch das verstand ich. Natürlich benötigte keine Beziehung vier grüne Daumen, um zu funktionieren, doch im Unterschied zur Goldfischzucht oder zur Serienproduktion von gestrickten Ringelsocken brauchte es für die Anlage eines ordentlichen Gartens einfach einen Mann, der Kompost herankarrte, Gewächshäuser aufstellte, Hochbeete zimmerte und mit der Motorsäge den uralten Apfelbäumen auf der Streuobstwiese zu einer Verjüngungskur verhalf. Ich wusste zwar meist, was ich gerade wollte, doch oft genug fehlte es mir an Kraft.

Während Franz nun seinen Rückzug in die Werkstatt antrat, beobachtete ich nachdenklich eine Tulpe namens Christmas Dream dabei, wie sie sich mehr melancholisch als dekorativ entblätterte. Meiner Ansicht nach gab es kaum eine Blume, die einem die Vergänglichkeit der Natur eindrucksvoller vor Augen führte.

Ihr rechnete ich jedenfalls wenig Chancen auf den Königsthron im Pflanzenreich aus. Tulpen trugen viel zu oft Trauer, was sich nicht mit dem Rang einer Monarchin vertrug. Als Gartenqueen musste man Haltung bewahren, erhobenen Hauptes jedem Sturm trotzen und mit royalem Gleichmut seinem Ende entgegenblühen, nicht schon nach wenigen Tagen kollabieren und todessehnsüchtig niedersinken. Das war einer Regentin nicht würdig. Aber schließlich gab es noch genügend aussichtsreichere Kandidaten in meinem Garten.

Leichen pflastern ihren Weg

Friede, Freude, Eierkuchen – so stellten Stadtmenschen sich das Leben im Grünen gerne vor. Der erste Kommentar aller Leute, sobald sie mein blühendes Reich betraten, lautete auch unweigerlich: »Ein echtes Paradies haben Sie da.«

Ich widersprach nur selten, obwohl ich bis heute starke Zweifel hegte, dass im Garten Eden jemals paradiesische Zustände geherrscht hatten. Selbst wenn Adam und Eva das Traumpaar schlechthin waren, dem nie ein böses Wort über die Lippen kam, lebten sie dennoch inmitten der Natur. Und jeder Gartenbesitzer wusste, was das bedeutete. Ein ewiger Kampf.

Gegen Dürre und Maulwurfsgrillenplagen, gegen das dreiblättrige Fingerkraut, den echten Mehltau oder Fronsteinbrüche im Mai, gegen Stickstoffmangel, Buchsbaumzünsler, Expansionsbestrebungen der Wilden Karden und nicht zuletzt gegen den eigenen inneren Schweinehund, der mir immer dann ins Bein biss, wenn ich den Kompost umschichten sollte. Wobei botanische Feindseligkeiten selbst dann nicht ausblieben, wenn man einen nützlingsfreundlichen Naturgarten besaß und niemals die Chemiekeule schwang. Irgendwo herrschte immer Krieg.

Ganz zu schweigen von einigen gemeinen Gewächsen, die zur Heimtücke neigten und gegenüber ihren Artgenossen eher böse Absichten verfolgten. Teufelszwirn und Mistel etwa ernährten sich auf Kosten ihrer Wirtspflanze, bis diese ausgezehrt war und den Hungertod starb. Wenn ich auf die Waage stieg, wünschte ich mir insgeheim oft, selbst ein paar

Wochen von der magischen Mistel befallen zu werden. Von meinem Speckgürtel könnte sie ruhig eine Zeit lang zehren.

Zu historischen Zeiten, als es noch keine Panzer und Pistolen gab, hatten Pflanzen mit besonders ablebensfördernden Eigenschaften sogar Karriere als Massenvernichtungswaffen gemacht. Schließlich war es weitaus effizienter, durch einen wohldosierten Griff in Mutter Naturs Giftschrank ganze Heerscharen außer Gefecht zu setzen, als Hunderten von Kontrahenten mit dem Knüppel eins überzuziehen. Selbst für große Probleme genügte bei Gift meist ein kleiner Schluck – und das, ohne sich die Hände schmutzig oder gar blutig zu machen. Auf das botanische Killerkommando war eben Verlass. Egal, ob bei Territorialkonflikten, Thronfolgekämpfen, Erbschaftsstreitigkeiten oder Ehekrisen – gegen alles war ein Kraut gewachsen.

In meinem Garten stellten die blühenden Sterbehelfer zum Glück nichts an, obwohl ich echte Koryphäen der biochemischen Kriegsführung besaß. Meine ersten gärtnerischen Pflanzversuche hatte ich mit »bösen« Blumen gemacht, erst Jahre später folgten die »guten«. Angeblich, das heißt Augenzeugenberichten zufolge übertraf meine Sammlung an botanischen Totschlägern sogar die des berühmten Giftgartens von Alnwick. Bislang hatte ich es leider noch nicht dorthin geschafft, um mir persönlich ein Bild zu machen. Es mangelt wahlweise am Geld oder an der Zeit, vor allem aber an einem furchtlosen Gartensitter, der ausreichend Geduld, Fingerspitzengefühl und Fachkenntnis besaß, um Hunderte blumige Bösewichter zu betreuen, damit diese nicht Hagelschauern, Hitzewellen oder gar Wegschnecken zum Opfer fielen. Den verfressenen Schleimern waren toxische Inhaltsstoffe nämlich egal, die würden bestimmt auch Blausäure verdauen.

Wenigstens ließen sich die kleinen widerlichen Biester tagsüber nicht blicken, wenn Besuch angesagt war, was zwischen Ostern und Advent fast wöchentlich der Fall war. Freunde kamen zum Grillen und Chillen, Fremde zum Schauen und Staunen. Schließlich galt mein Geschichtengarten, in dem ich die floralen »Berühmtheiten« hegte und pflegte, als beliebtes Ausflugsziel für Pflanzenfans, Hobbygärtner und Freunde der botanischen Giftmischerei.

An diesem Freitag Anfang Mai hatten sich jedoch weder potenzielle Zauberlehrlinge noch die altehrwürdige Gesellschaft zum Schutz bedrohter Nachtschattengewächse angekündigt, sondern Hofrat Rüdiger Rottenstein samt Familie.

Um 15 Uhr wollte er kommen, um 14 Uhr 45 war er da. Offensichtlich einer dieser Männer, die in allen Lebenslagen etwas zu früh kamen. Dafür sprach auch der riesige SUV, der vor unserem Gartentor hielt. Ich kannte mich mit Automarken zwar nicht aus, aber mit einem derartigen Gefährt konnte man bestimmt auf Bärenjagd im Altaigebirge gehen, ohne Schäden an der Karosserie befürchten zu müssen. In unseren Breiten gab es allerdings weder Bären noch ein Gebirge, nur Rehe, Igel, Fasane und frei laufende Hühner, die sich nicht an die Straßenverkehrsordnung hielten und an unübersichtlichster Stelle die Fahrbahn querten.

Nun schwang die Tür des imposanten Automobils nahezu majestätisch auf, und ein eher kleinwüchsiger Mann mit schütterem Haar, Anzug und Krawatte kletterte heraus. Ihm folgten drei Frauen, zwei Kinder und ein schokoladenbrauner Labrador.

Kater Boris, der definitiv kein Herz für Hunde hatte, räumte fauchend seinen Beobachtungsposten und flüchtete auf den Kirschbaum, was die dort ansässigen Vögel zu lautem Protestgezeter veranlasste.

Interessiert blickte der Labrador nach oben. Ich ging nach

draußen, um die Besucher zu begrüßen und in den Garten zu führen, bevor sein Jagdinstinkt erwachte.

»Ein echtes Paradies haben Sie da«, stellte Frau Rottenstein ganz nach Drehbuch fest, kaum hatte sie den ersten Blick auf unseren idyllischen Hof geworfen. Schwester und Schwägerin nickten zustimmend, der Hund wedelte aufgeregt mit dem Schwanz, und die beiden Kinder hopsten begeistert um den Sibirischen Rhabarber, dessen Blüte den Hofrat um einen guten Meter überragte.

»Ein Augenblick, gelebt im Paradiese, wird nicht zu teuer mit dem Tod gebüßt«, deklamierte er, während er die beiden Buben vom Rhabarber wegscheuchte. »Friedrich Schiller, *Don Carlos.*«

»Interessant«, murmelte ich. Seit ich vor Ewigkeiten im Deutschunterricht »Die Glocke« auswendig lernen musste, reagierte ich auf Schillers dramatische Dichtung ähnlich allergisch wie andere auf Erdnussbutter. Als Einstieg zum Thema Giftpflanzen war das Zitat aber gar nicht schlecht gewählt.

Ich will zwar nicht behaupten, dass die Grillen in den toxischen Rabatten bereits das Lied vom Tod zirpten, aber der Adrenalinspiegel der Besucher stieg merklich an, kaum näherten wir uns dem Areal mit den Klassikern der Sensenmannindustrie.

Frau Rottenstein ergriff die beiden Buben fest an den Händen, der Gatte nahm den Hund an die kurze Leine, Schwester und Schwägerin traten achtsam ein paar Schritte zurück.

»Keine Angst, die tun nichts!«, warf ich gebetsmühlenartig ein. Schließlich konnten Stauden weder beißen noch springen und haben bislang auch niemanden verfolgt. Außer in meinen Träumen, und da war es die scheinbar harmlose Bohne gewesen, die mir an den Kragen gegangen war.

Unterschätzen sollte man die bedrohlichen Seiten alltäglicher Gemüsepflanzen ohnedies nicht. Vor allem nicht die der Bohnen. Die konnten auch im Wachzustand ziemlich üble Gesellen sein. Und damit meine ich nicht das peinliche Tönchen nach Genuss des Böhnchens.

Optisch betrachtet kommen die meisten pflanzlichen Totschläger ja recht unschuldig oder gar unscheinbar daher, dennoch stellte sich bei den Leuten stets gruseliges Gänsehautfeeling ein, sobald ich ihnen die berüchtigtsten historischen Massen- und Meuchelmörder präsentierte: Tollkirschen, Bilsenkraut, Christrosen, Pontische Azaleen, Eisenhut, Sumpfporst, Schierling, Taumellolch, Rizinus und Alraunen. Sie alle besaßen ein jahrtausendelanges Sündenregister, das bis zur Hölle und retour reichte. Sogar siegreiche Kriegsveteranen befanden sich unter ihnen.

Etwa die dekorative Christrose, eine kühle Schönheit, die meiner Ansicht nach durchaus das Zeug zur Herrscherin über das Reich der Pflanzen hätte. Sie war hübsch, robust und allgemein bekannt, verfügte über beachtliche Fähigkeiten, einen beeindruckenden Lebenslauf und vermutlich auch über große Weisheit. Immerhin konnte sie an die dreißig Jahre werden, ein für Grünzeug biblisches Alter, das man ihr nicht im Geringsten ansah.

Keine Falten, keine Altersflecken, keine Müdigkeitserscheinungen, und anders als bei mir machte nicht einmal ihr Bindegewebe schlapp. Einfach beneidenswert. Tauschen würde ich dennoch nicht wollen.

Was nutzte einem der jährliche Zuwachs an Schönheit, wenn es niemanden gab, der sie bewunderte. Schließlich öffnete die Christrose, die deshalb auch Schneerose hieß, ihre Blüten in der kältesten Jahreszeit, wenn die anderen Gewächse noch Winterschlaf hielten und ich mit Glühwein oder Hustentee – je nach Tagesverfassung – vor dem Kachelofen kauerte und den Sommer herbeisehnte. Als Thronnachfolgerin müsste sie demnach ganz ohne Hofstaat und Untertanen auskommen. Allein auf frostiger Flur sozusagen. Sich ausgerechnet vor Eiskristallen und Schneeflocken zu entblößen, stellte ich mir ohnedies ziemlich unangenehm vor, außer man tendierte zu masochistischen Praktiken. Was ich mir bei einer Killerpflanze wie dieser kaum vorstellen konnte. Die müsste doch eher sadistisch veranlagt sein.

»Christrosen zählen zu den ersten historisch verbürgten chemischen Kampfstoffen überhaupt«, erklärte ich den Rottensteins, die mit gezückten Handys und verzückter Miene auf die Totenköpfe starrten, die ich anstelle banaler Rosenkugeln auf den Beeten verteilt hatte. Die kahlen Schädel machten ordentlich was her, und den Ohrwürmern war es egal, wo sie schliefen. Hauptsache dunkel und kuschelig.

»Vielleicht kennen Sie die Christrose auch unter dem Namen Nieswurz. Schon 600 v. Chr. haben die alten Griechen mit den hochtoxischen Wurzeln der Pflanze die Brunnen ihrer Feinde vergiftet, etwa die der Küstenstadt Kirrha. Belagert und eingekesselt vom Athener Feldherrn Solon, litten die Bewohner Kirrhas schrecklich unter Hunger, Durst und der griechischen Sonne. Ihre Weinstöcke waren längst verdorrt, Regen fiel auch keiner, die Wasserzufuhr hatten ihnen die Belagerer gesperrt. Tagelang saßen sie buchstäblich auf dem Trockenen, dann füllte Solon ihren Brunnen wieder auf. Mit vergiftetem Wasser. Die halb verdursteten Menschen tranken sich die Bäuche voll, erkrankten schwer und mussten sich kampflos ergeben, weil sie mit Herzrhythmusstörungen, Schwindelanfällen, Atemproblemen, höllischen Bauchkrämpfen und ungebremster Verdauung flachlagen. Das Gift des Winterblühers hatte sie besiegt.«

»Voll fies«, grinste der jüngere Bub.

»Ja. Total. Damals hatten'se nicht mal Klopapier, um sich den Arsch abzuputzen«, ergänzte der ältere. »Das erste käufliche Toilettenpapier wurde 1857 in Amerika produziert. Haben wir vorgestern in der Schule gelernt.«

Nun kicherten beide.

Kluger Junge, fand ich. Aus dem würde mal ein ausgewachsener Spaßvogel werden.

Sein Vater fand das weniger. »Über das Leid anderer Menschen macht man sich nicht lustig! Merk dir das!«, brummte er. »Was habt ihr da überhaupt für einen Fäkalunterricht? Solltet ihr nicht besser was über die Weltwirtschaftskrise im selben Jahr lernen?«

»Oder eure Zimmer aufzuräumen!«, setzte die Mutter noch eins drauf. Ein Büschel Rufzeichen schwebte fast greifbar in der Luft.

Betreten zogen die Buben ihre Köpfe ein, während Schwester und Schwägerin die Hälse reckten, um Fotos von den mörderischen Stauden zu machen, ohne ihnen nahezutreten.

»Und ich habe wegen ihres Namens immer geglaubt, dass Christrosen heilige Blumen sind. Immerhin blühen sie ja zur Weihnachtszeit«, bemerkte Rottensteins Schwester. »Wenn ich das gewusst hätte! Im Vorjahr habe ich mit diesem Kraut versehentlich sogar den Altarschmuck für die Adventsmesse gebastelt.«

Auch die Schwägerin empörte sich lautstark. »Genau. So ein heimtückisches Gewächs. Und dabei trägt es auch noch dieses jungfräuliche Weiß. Das grenzt an Blasphemie.«

Christrosen wegen Gotteslästerung exkommuniziert – das wäre mal eine echte Schlagzeile für den *Gardeners' Chronicle*. Statt *Stairway to Heaven* gäbe es fortan nur noch *Highway to Hell*. In Glaubensfragen schienen Schwester und Schwägerin recht inquisitorische Ansichten zu vertreten.

»Müssen Pflanzen auch ein schlechtes Gewissen haben, wenn sie was Schlimmes anstellen?«, fragte der jüngere Sohn, als hätte er meine Gedanken gelesen.

»Nein. Die haben weder Herz noch Hirn und daher auch kein Schuldbewusstsein«, sagte die Mutter. »Egal, was sie anstellen.«

Da war ich mir allerdings nicht mehr so sicher. Angestellt hatte die frostige Schönheit mit dem kalten Herzen jedenfalls genug. Ich erzählte meinen Besuchern gerade, wie man seinerzeit die pulverisierte Wurzel auch als Schnupftabak konsumierte, um sich alle möglichen Geisteskrankheiten aus dem Kopf zu niesen, weshalb man heute noch »Gesundheit« wünschte, und dass man sich dabei oft genug auch sein Leben hinweggeniest hatte, als ich eine klirrend kalte Stimme vernahm, die direkt meinem Gehirn entsprungen schien.

»Einspruch«, forderte die eisige Stimme. »Ich habe nie etwas angestellt, ich war stets nur Mittel zu *euren* bösen Zwecken. Wie eine Schusswaffe in Menschenhand. Auch die Waffe trifft keine Schuld! Ihr Menschen seid Verbrecher, nicht wir Blumen. Außerdem ist Nomen Omen, vergiss das nicht.« Dann erstarb die Stimme mit einem dumpfen Knirschen, als würde jemand sehr Schweres über frisch gefallenen Schnee stapfen.

So fühlte es sich also an, wenn man völlig den Verstand verlor. Stimmenhören war ein eindeutiges Symptom. Auf einmal fröstelte es mich, mein Herz raste, kalter Schweiß trat mir auf die Stirn, und in der Nase verspürte ich ein seltsames Prickeln. Mir schien sogar, als würde die Schneerose mit ihren Blättern zittern, obwohl es absolut windstill war. Sie musste das gewesen sein. Die Eislady hatte zu mir gesprochen. In Gedanken, aber mit wirklich weisen Worten.

»Hatschi. Haaatschi. HATSCHI!« Etwas explodierte in mir.

»Gesundheit«, erklang es sechsstimmig, während alle applaudierten. Nur der Hund bellte.

Rüdiger Rottenstein reichte mir galant ein Taschentuch. »Das war eine perfekte theatralische Darbietung, liebe Frau Blasl. Täuschend echt und mitreißend. Ich prophezeie Ihnen eine große Bühnenkarriere. Sie sehen sogar ziemlich verschnupft aus. Als hätten Sie tatsächlich von der bösen Nieswurz genascht.« Er lachte.

Ich lachte nicht. Meine Karriere würde wohl eher im Irrenhaus enden, wenn das so weiterging.

»Pflanzen sind nun mal, wie sie sind. Gesund oder gefährlich, meistens beides zugleich, aber nie vorsätzlich gemein. Theophrastus Bombast von Hohenheim, der berühmte Arzt und Alchimist Paracelsus, hatte natürlich recht: Nur die Dosis macht das Gift«, relativierte ich meine kriminellen Ansichten. Der Niesreiz ließ umgehend nach.

Dass die Bohne mich im Schlaf verfolgte, war schlimm genug gewesen, doch diese botanische Heimsuchung im Wachzustand hatte mir soeben eine existenzielle Grenzerfahrung beschert.

Wenn ich meine Jahresdosis an Selbstkritik zusammenkratzte, musste ich mir sogar eingestehen, dass die Sache mit den Namen ihre Berechtigung hatte. Nomen war in vielen Fällen wirklich Omen. Die Christrose hieß in der Fachsprache nicht umsonst Helleborus, denn *hellein* bedeutete auf Griechisch »töten«. Ein namentlicher Warnhinweis in eigener Sache sozusagen. Da wusste man gleich, mit wem man es zu tun hatte. Traf in meinem Fall ja auch zu. Ich hieß nicht umsonst Klaudia, die Hinkende (doch, doch, glauben Sie mir, *claudicare* ist Lateinisch und bedeutet leider genau das), denn mein halbes Leben hinkte ich Abgabeterminen hinterher, und die andere Hälfte humpelte ich, weil ich vom Pferd gefallen, von der Leiter gestürzt oder über eine Beeteinfassung gestolpert war. Erst vorgestern war ich unzureichend bekleidet und mit der Eleganz eines bekifften Nilpferds über eine Grabegabel gestrauchelt und bäuchlings auf den Kugeldisteln gelandet. Nun lagen die hübschen blauen Disteln platt danieder, und ich musste auf dem Rücken schlafen.

Pflanzen waren da weitaus eleganter. Die litten nie unter motorischen Defiziten oder Gleichgewichtsstörungen. In der gesamten einheimischen Flora gab es kein einziges Gewächs, das über den eigenen Stängel kippte, sich selbst im Weg stand oder nach der Kollision mit einer Hummel den Halt verlor und zu Boden fiel. Nur ich konnte das. Als Blume wäre ich wohl längst ausgestorben. Sollte mein Karma mir je eine Wiedergeburt im Pflanzenreich bescheren, dann wahrscheinlich als rotes, rundes Stück Fallobst, das garantiert in einem Kuhfladen oder Brennnesselbusch landete. Auch eine deprimierende Vorstellung.

Um weder dem Wahnsinn noch dem Selbstmitleid zu verfallen, schleppte ich mich tapfer weiter zu den anderen botanischen Totschlägern. Davon gab es sowieso mehr als Läuse auf den Rosen. Etwa das Bilsenkraut, eine der traditionellen Hexenpflanzen. Mit ihren tödlich berauschenden Samen hatte man einst das Bier gedopt, den Wein gepanscht, Menschen in Narkose versetzt und Hunderte, wenn nicht Tausende unliebsame Mitmenschen ins Jenseits befördert.

Und obwohl sie unangenehm klebrige Blätter und violett geaderte Blütenkelche mit einer bedrohlich dunklen Mitte besaß, dazu noch einen Geruch verströmte, der Menschen instinktiv auf Abstand hielt, konnte man ihr eine gewisse sinnliche Aura nicht absprechen. Irgendwie zog sie die Leute in ihren Bann, sobald man ihr länger ins »Auge« blickte. Eine blumige Gottesanbeterin sozusagen. Erst sank man zu ihr nieder, dann träumte man von leidenschaftlichen Abenteuern zu zweit, und am Schluss erlag man ihrer mörderischen Umarmung.

Im Unterschied zur Schneerose wirkte sie zwar weitaus weniger ehrfurchtgebietend, doch dafür umwehte sie – neben dem kadaverartigen Gestank – dieser geheimnisvolle Hauch. Mir persönlich kam sie manchmal eher etwas heimtückisch vor, doch die Rottensteins verfielen gleichfalls ihren schicksalhaften Reizen.

»Ach. Der ›Saft verfluchten Bilsenkrauts‹, ›das schwärende Getränk‹, wie es in Shakespeares *Hamlet* so schön heißt«, sinnierte der Hofrat, ohne sich am Mief der Pflanze zu stören.

Für den Rang einer möglichen Potentatin fehlte dem Kraut allerdings jegliche Zukunftsperspektive. Sie hatte ihre beste Zeit längst hinter sich. Selbst als seinerzeit allseits beliebtes Medikament hatte die Pflanze ausgedient. Heute hofierten sie nur noch Drogenfreaks und die Vierfleck-Pelzbiene, allen anderen war sie egal. Als notorische Schollenkleberin kam sie auch nicht weit herum. Kaum wollte man sie einmal umpflanzen, ging sie ein.

Langsam – Schwester und Schwägerin mussten noch ein allerallerallerletztes Foto schießen – zogen wir weiter. Der Hund, der beim Odeur des Bilsenkrauts als Einziger die Schnauze gerümpft hatte, trabte gemütlich voran, Kater Boris, den Schwanz steil erhoben, schlich mit gesträubtem Fell und gebührendem Sicherheitsabstand hintendrein. Er musste seiner Pflicht als Revierchef nachkommen und jeden Strauch markieren, an dem der Labrador geschnüffelt hatte, um die Besitzverhältnisse wieder richtigzustellen. Das war sein Hoheitsgebiet und keine Spielwiese für dahergelaufene Köter.

Bei der legendären Tollkirsche machten wir erneut halt. Ein unscheinbarer Strauch, der nichts und niemanden um sich wollte. Wahrscheinlich hatte er genug von Menschen, die ihm über Jahrtausende seine Beeren geklaut hatten, um schöne Augen zu bekommen oder auch eine schöne Leich – je nach Dosis und Wunsch. Am liebsten wuchs er auf Kahlschlägen, umgeben von Leere und totem Gehölz. Ein alter, kampferprobter Kriegsveteran, den kein geheimnisvoller Hauch umwehte, nicht einmal eine winzige mystische Brise. Er stand einfach nur da und ließ die Blätter hängen, weil ihm die Hitze nicht behagte.

»Der sieht irgendwie total mickrig aus, wie ein zerrupftes Huhn«, bemerkte der jüngere Bub.

Eine durchaus passende Beschreibung. Kein einziger der anderen Gartenbewohner wollte freiwillig in seiner Nähe wohnen. Nicht mal Nachtkerzen, Minze oder Hahnenfuß, die sonst fürchterlich wanderfreudig waren und mich mit ihrem Expansionsstreben regelmäßig zur Verzweiflung trieben.

Es hieß, der historische Killerstrauch sei ein ewiggestriger, mürrischer Griesgram, der nur von der guten alten Zeit und seinen mörderischen Heldentaten schwadronierte, obwohl sein Gift heutzutage längst zum Ladenhüter verkommen war. Unsympathisch. Maulfaul. Einsiedlerisch. Allein die Nacktschnecken mochten ihn zum Fressen gern.

Klar, für den Strauch war es früher definitiv besser gelaufen. Da hatte er ein Dasein als geehrter und allseits begehrter Frauenheld geführt, der eitlen Damen zu einem unwiderstehlichen Blick verhalf und ehrgeizigen Giftmischerinnen zum nötigen Handwerkszeug. Aber Arsen, Lidschatten und Wimperntusche hatten ihn seinen Job gekostet.

»Bis in die Sechzigerjahre hat man Tollkirschen noch vereinzelt als Wahrheitsdrogen bei Verhören eingesetzt, aber seitdem ist die Pflanze eigentlich arbeitslos«, erzählte ich den Rottensteins, die diesmal keine Handys zückten.

Als Fotomotiv war das Gewächs wirklich keine gute Wahl. Ebenso wenig wie der Schierling, die graue Eminenz eines Giftgartens. Jeder kannte das tragische Schicksal des griechischen Philosophen Sokrates, der durch den Schierlingsbecher starb, doch niemand kannte die Pflanze. Wie auch? Sie unterschied sich kaum von Dutzenden anderen Doldenblütlern wie Wiesenkerbel, Wilder Möhre, Süßdolde, Kümmel oder Fenchel, weshalb es bei Wildkräuterköchen immer wieder zu folgenschweren kulinarischen Fehlgriffen kam. Den Verdauungsschlaf hielt man dann halt im Krankenhausbett statt in der Hängematte.

Doch weil der Schierling außer seinem kalten Weg zum Hades nichts zu bieten hatte, zogen wir rasch weiter. Als Herrschaftskandidat stand dieser Meister der Mimikry ohnedies nicht zur Wahl. Er tauchte lieber unter, statt im Mittelpunkt zu stehen. Sollte im Reich der Pflanzen je ein Baumarkt eröffnen, der Schierling wäre ein idealer Mitarbeiter.

Und weiter ging es durch die Reihen der blumigen Meuchelmörder. Fingerhut, Alpenveilchen, Taumellolch, Rizinus, Eisenhut, manche hübsch, manche unscheinbar, aber alle äußerst effizient, was ihre ablebensfördernde Wirkung betraf.

Beim Anblick des Indischen Stechapfels schlug die Gänsehautstimmung dann erfahrungsgemäß kurzfristig in kollektive Euphorie um. Mit seinem betörenden Duft und der überragenden Schönheit der riesigen Blüten verwies er jede Rose auf die hinteren Plätze.

Ein Chor aus »Ahs« und »Ohs« erklang.

»Traumhaft. Habe ich noch nie gesehen.«

»Einfach fantastisch. Und dieser Duft.«

»Sieht aber gar nicht böse aus.«

»Ein Wunder der Natur.«

»Darf ich die mal kurz berühren?«

»Aber klar, Herr Rottenstein.«

Im Unterschied zu Schierling und Eisenhut drang das Gift der Stechäpfel kaum durch die Haut. Und im Unterschied zu Frauen waren es fast immer nur Männer, die ihre Hände brauchten, um etwas zu begreifen …

Der giftigen Exotin waren jegliche Annäherungsversuche ohnedies egal. Sie stammte von fernen Ländern, litt unter den heimischen Temperaturen und starb daher jeden Winter zuverlässig ab. Damit nicht genug, wurde die auch als Zombiegurke bekannte Nachtschattenschönheit von den übrigen Gartenbewohnern als »Zugereiste« gemobbt. Besonders die alten Bauerngartengewächse standen gut aussehenden Immigranten, die ihnen ihrer Ansicht nach Platz und Nährstoffe streitig machten, recht ablehnend gegenüber und wuchsen demonstrativ auf Abstand. Ihr einheimischer Vetter, das gefürchtete Ackerunkraut, war zwar wesentlich robuster, dafür aber auch weitaus weniger attraktiv.

Warum sollte sich die Pflanzenwelt in der Hinsicht vom Menschen- und Tierreich auch unterscheiden? Ich brauchte nur meine beiden Kater anzusehen. Boris, der eine, war einfach nur schwarz, sonst nichts, aber er konnte auf Bäume klettern, Mäuse fangen und jeder Witterung unbeschadet trotzen. Willi hingegen glich einer kätzischen Schönheit, langes gewelltes Fell, ein Augenaufschlag wie eine Diva, ein Schwanz wie ein Eichkätzchen und ein Gang wie ein Zwergelefant im Porzellanladen. Ihm grauste vor Mäusen, er litt unter Höhenangst, konnte nicht einmal richtig schnurren, und wenn er mal im Garten seine Runden drehte, dann nur, wenn der Rasen gemäht war, die Temperatur im erträglichen Mittelmaß lag und an jeder Ecke wenigstens ein bequem erreichbarer Stuhl mit Sofakissen für ein Nickerchen bereitstand.

Auch jetzt schnarchte er unbeeindruckt vor sich hin, zutiefst davon überzeugt, dank seiner göttlichen Gestalt niemals Opfer einer banalen Hundeattacke zu werden. Schlimmstenfalls würde ihm der Himmel auf den Kopf fallen, aber das Risiko ging er ein.

Erst am Ende meiner toxischen Tour gelangten wir zur Alraune. Das war der Moment, in dem der Enthusiasmus blitzschnell in blanke Enttäuschung umschlug. Diese mythische, sagenumwobene, legendäre Zauberpflanze sah aus wie ganz banaler Blattspinat. Ehrlich. Ich schwör's. Dabei war sie eine Großmeisterin der aktiven veganen Sterbehilfe.

Nun sah man menschlichen Serienkillern ihre Neigungen zwar auch nicht auf den ersten Blick an, doch im Fall der Alraune würde man ihr tödliches Potenzial nicht einmal unter dem Elektronenmikroskop bemerken. Dieses platte, unscheinbare Gewächs hatte die Kunst des Understatements perfektioniert. Wenn sie nicht gerade blühte, was seltener vorkam als eine Sonnenfinsternis, stieg man über sie hinweg wie über einen grünen Abszess im Rasen. Ich hatte den Eindruck, dass sie sowieso am liebsten unbemerkt blieb.

Selbst wenn Alraunen sprechen könnten, würden sie keine Interviews geben oder gar Herrschaftsansprüche stellen. Im Laufe der Jahrtausende hatte man diese berühmt-berüchtigte Zauberpflanze allzu oft brutal ans Licht gezerrt, indem man ihre Wurzeln bei Vollmond an den Schwanz eines schwarzen Hundes band, da das arme Gewächs der Legende nach während dieser Prozedur lebensbedrohliche Schreie von sich gab, was ich zwar nicht glaubte, aber durchaus verstehen würde.

Wer wollte schon mitten in der Nacht an den Füßen gepackt und kopfüber aus seinem kuscheligen Nest verschleppt werden, nur weil man untenrum eine menschenähnliche Gestalt besaß, mit der man entweder Massenmord begehen oder die man um viel Geld verkaufen konnte. Als botanischer Talisman sollte einem diese schrumpelige Wurzel ein Leben lang Reichtum, Glück, Gesundheit und viele Kinder bescheren, wofür man das wertvolle Stück in kostbare Schatullen bettete, mit seidenen Kleidern versah und ihr jeden Freitag ein pflegendes Bad einließ. Sogar Goethe hat eine besessen und wie einen Schatz gehütet.

Unbekleidet und in Weinfässern gelagert, hatte sie hingegen einigen Heerführern, allen voran Hannibal, als Zaubertrank und Wunderwaffe gedient und den Karthagern zu großen Siegen verholfen.

Kein Wunder, dass die mythische Pflanze heute den Kopf einzog, sobald sie zu viele Menschen sah. Gerade im Sommer, meiner Lieblingsjahreszeit, wenn das warme Wetter zu Grillfeten, Gartenpartys und geselligen Freundestreffen im Grünen lud, verschwand die Alraune Blatt für Blatt unter der Erde und ließ sich erst im Herbst wieder vereinzelt blicken. Vielleicht tauchte sie aber auch aus Scham über ihr gemüsiges Aussehen unter. Wenn alles um sie herum grünte und blühte, musste sie sich wie das hässliche Entlein unter lauter Schwänen fühlen. Mir erging es ebenso, wenn am See die Badesaison begann. Jedes Stück Wiese wurde dann umgehend von zypressenhaften Wesen belegt, inmitten deren ich meine Buchsbaumfigur hinter großformatigen Zeitungen zu verbergen suchte.

Und wenn sich diese legendäre Zauberpflanze nicht rasch genug verkroch, kam einem bei ihrem Anblick meist die Meerjungfrau in Kopenhagen in den Sinn, die große Erwartungen weckte, bis man endlich vor ihr stand und erstaunt auf ihre Kleinwüchsigkeit hinuntersah.

Sie hatte halt ganz viele innere Werte, tröstete ich die Gartenbesucher dann, die gute alte Alraune, und die machte ihr niemand streitig. Schönheitschirurgie für Pflanzen hatte man ja leider noch nicht erfunden, und ihre schon recht kuriose Wurzel konnte man natürlich nicht sehen.

Rüdiger Rottenstein nickte verständnisvoll. Mit inneren Werten kannte er sich vermutlich gut aus. Er hatte auch umgehend ein passendes Zitat bereit: »›Das Äußere einer Pflanze ist nur die Hälfte ihrer Wirklichkeit.‹ Johann Wolfgang von Goethe.«

Damit hatte der Mann in jedem Fall recht.

Als er nach einer herzlichen Verabschiedung wieder seinen Fahrersitz erklommen hatte und mir zuwinkte, fand ich ihn schon richtiggehend nett.

Sie waren zufrieden, ich war zufrieden. Durch den Garten zu schlendern, flankiert von trällernden Vögeln, schillernden Schmetterlingen, brummenden Hummeln und einer sanften Abendröte, um Menschen für die fantastischen Fähigkeiten unserer floralen Mitbewohner zu begeistern, setzte weitaus mehr Glückshormone frei, als einsam im Arbeitszimmer zu hocken, Blick auf den Monitor und nur mit einer Topfpflanze und einem Weberknecht als Gesellschaft. In bester Stimmung, ein gutes Buch in der linken und ein Glas Chardonnay in der rechten Hand, würde ich den Tag entspannt im Schaukelstuhl ausklingen lassen. Das war mein Wunsch.

Die Wirklichkeit gestaltete sich wie so oft ein wenig anders. Hilda, die Houdini unter den Hühnern, war auf den

Topf mit den Tageteskeimlingen geflattert und pickte laut gackernd nach Würmern in der Erde; Kater Willi hatte sein Ganztagesnickerchen unterbrochen, um ein frisch umgegrabenes Beet als Katzenklo zu missbrauchen, ein Nachbar knatterte mit dem Rasenmäher herum, und schräg hinter mir lagen sich Fingerhut und Eisenhut wegen einer Rangordnungsfrage in den Stängeln. Die beiden Rivalen wollten stets nebeneinander wachsen – setzte ich den einen um, tauchte der andere im Jahr darauf unmittelbar daneben auf –, obwohl sie absolut unverträglich waren. Kaum waren sie wieder vereint, ging das ewige Kräftemessen von Neuem los.

»Ich bin die giftigste Pflanze Europas«, warf sich der Eisenhut prahlerisch in seine königsblauen Blüten.

»Und wenn schon.« Der Fingerhut zuckte belustigt die purpurnen Glocken. »Ich bin eine literarische Berühmtheit. Mir hat Agatha Christie sechs Bücher gewidmet, dir nur zwei.«

»Mein Gift kann sogar durch die Haut dringen.«

»Meins kann sich als Herzmittel tarnen.«

»Ich entstamme dem Speichel des dreiköpfigen Höllenhundes.«

»Ich wurde von Feen und Elfen bewohnt.«

»Ich bin der Liebling aller Hummeln.«

»Ich bin …«

Ich, ich, ich, ich … Diese beiden Wichtigtuer. Entnervt schlug ich mein Buch zu, um doch noch ein paar Seiten zu tippen.

Meine größten Gartenpannen 1
oder
Von der Kunst, eine Alraune zu ziehen

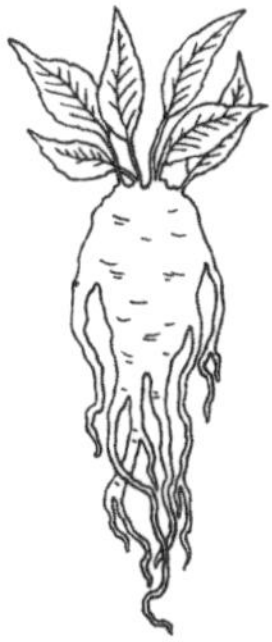

Es schmerzte mich immer wieder, wenn die Besucher meines Gartens vom unscheinbaren Anblick der Alraune sichtlich enttäuscht waren. Als hätte die mächtigste aller Zauberpflanzen es nötig, sich herauszuputzen. Allein der Klang ihres Namens war bereits ehrfurchtgebietend. Die magischen Fähigkeiten, die ihr nicht nur Hexen nachsagten, die 1001 Schauergeschichten, die man sich heimlich ins Ohr raunte, und dann noch der unermessliche Reichtum, den sie ihrem Besitzer bescherte – vielleicht brachte sie mir sogar mehr Glück als die unzuverlässige Lottofee. Und da ich dazu neigte, manche Dinge unnötig zu verkomplizieren, hatte ich mir einst vorgenommen, das seltene Nachtschattengewächs eigenhändig aus Samen zu ziehen. Ein Vorsatz, dessen Dummheit sich noch erweisen sollte. Doch damals bestellte ich nichtsahnend ein Dutzend Samen der Mandragora officinarum, und das Drama begann.

Zuerst bettete ich das Saatgut vorschriftsmäßig in mit feuchtem Sand gefüllte Gefrierbeutel und platzierte es – wie empfohlen – im Kühlschrank. Dafür mussten etliche Sahnejoghurts, das Glas mit den Gewürzgurken und die herrlich pikante kalabrische Streichsalami weichen, denn in unseren Gefriergeräten herrschte notorischer Platzmangel. Zum großen Missfallen meines Mannes hatte ich ein echtes Problem mit der Halbwertszeit von Lebensmitteln, die sich in Dosen, Konserven, Gläsern oder Bechern befanden. Ich aß die Sachen bis zur Hälfte auf, danach wollte ich sie nie wiedersehen. Ganz nach dem Motto »Aus den Augen, aus dem Sinn« wanderten sie in den Kühlschrank, mittleres Fach, hinterste Reihe.

Doch im Unterschied zu Streichkäse oder Tomatensoße erwachten die Alraunensamen nicht zu neuem Leben.

Nach sieben Wochen brach ich die Kältebehandlung aus beziehungstechnischen Gründen ab, da Franz lautstark bemängelte, sein meisterhaftes selbst gemachtes Tiramisu nicht mehr kühlen zu können, weil überall meine Sandsäckchen lagerten. Ein wahrhaft erpresserisches Argument. Mit einem lachenden und einem weinenden Auge siedelte ich die Samen in den Garten um. Ein Paar vergrub ich unter der Silberweide, zwei weitere Paare fanden in lockerer, leicht saurer, ordnungsgemäß mit Kies und Sand angereicherter Erde ihren Platz, den Rest verteilte ich in Blumentöpfen.

Danach geschah zwei Monate lang gar nichts, bis die Samen unter der Silberweide endlich keimten. Langsam, unerträglich langsam schoben sich vier blassgrüne, zerknitterte Blattzipfel aus der Erde, die, kaum hatten sie die Größe eines Fingernagels erreicht, von ordinären Wegschnecken verspeist wurden. Vermutlich hatten die Schleimer sie gleichfalls für Blattspinat gehalten. Sofort versah ich die restlichen Keimlinge mit Schneckenkragen, Kupferbändern und einem dreifachen Ring aus Zimtpulver. Das Plätzchengewürz war meine Geheimwaffe gegen Fressattacken ausgehungerter

Kriechtiere. Schnecken hassten Zimt, und ich hasste Schnecken. Nach weiteren drei Wochen wagten sich auch die Samen in den Töpfen ans Tageslicht. In Zeitlupe. Heute ein Millimeter, morgen ein Millimeter. Würde ich meine Bücher ähnlich langsam schreiben, wäre ich immer noch bei Kapitel eins.

»Jetzt macht schon!«, raunzte ich die Keimlinge entnervt an. »Etwas mehr Tempo, oder der Schneckenkragen kommt wieder weg.«

Mein Jahrespensum an Toleranz ging spürbar zur Neige, dennoch hatte nur eine einzige Pflanze größere Blätter entwickelt. Ein Trauerspiel, verschärft durch die Tatsache, dass Alraunen anspruchsvoller sind als die Prinzessin auf der Erbse. Fünf Stunden Sonne, aber nicht zu Mittag, kein Regen, kein Frost, kein Wind, kein Beikraut, keine Platzveränderung – es genügte, den Topf um dreißig Zentimeter zu drehen, und schon zog sie sich ins Erdreich zurück –, dazu etwas Wasser, etwas Mulch, etwas Gesteinsmehl und eine Engelsgeduld.

Mit Letzterem konnte ich nicht dienen. Ich war seit jeher ein sehr ungeduldiger Mensch. Fragen Sie meine Ernährungsberaterin: Jede Diät brach ich nach spätestens zwei Wochen ab, wenn ich in dieser Zeit nicht vom Walross zum Seepferdchen mutierte, was natürlich nie der Fall war. Und diese angeborene Ungeduld bekam auch die Alraune zu spüren. Als sie sich nach fast einem Jahr unverändert weigerte, Blütenansätze zu bilden, riss mir endgültig der Geduldsfaden. Bei einem bestens bestückten Blumenversand bestellte ich mir ein Dutzend ausgewachsener Alraunen – eine nicht ganz günstige Angelegenheit, aber entschieden billiger als mein fortwährender Konsum an tanninischen und schokoladigen Beruhigungsmitteln, die mich meine Aufzuchtmisere letztlich gekostet hatte.

Wenn der Salatkopf in Ohnmacht fällt

»Nein, nein und nochmals nein! Kommt überhaupt nicht infrage!«

Franz bemühte sich redlich, seine Verweigerungshaltung mit maximaler Autorität vorzubringen, was ihm jedoch misslang, weil er in der Hängematte lag, während ich hocherhobenen Hauptes vor ihm stand – also quasi von oben auf ihn herabsah und dadurch meine Überlegenheit zum Ausdruck brachte. Ein kluger strategischer Schachzug von mir, fand ich und beglückwünschte mich insgeheim zu meiner raffinierten psychologischen Kriegsführung. Außerdem funktionierte das mit der Bauchatmung nicht so gut, wenn man rücklings auf instabilem Baumwollgewebe ruhte und jeder Versuch, sich in eine einigermaßen aufrechte Haltung zu manövrieren, höchstens durch mühsame, yogaähnliche Ganzkörperverrenkungen zu bewerkstelligen war, die man »Kafkas Käfer macht Morgengymnastik« nennen könnte. Ein weiterer Vorteil für mich.

»Doch! Das muss sein. Heute, jetzt und ausschließlich mit ihm!« Ich gab nicht nach.

»Nur über meine Leiche!« Er gab nicht auf.

»Ich will ihn aber!«

»Ich nicht!«

Zum ersten Mal wurde auch unser Ruheplatz zwischen den beiden majestätischen Nussbäumen von einem beziehungstechnischen Stimmungstief erfasst, da ich nicht gewillt war, Franz mit meinem dringenden Anliegen in Ruhe zu lassen. Schließlich hatte ich eine großartige Idee, die keinen Aufschub duldete, auch wenn mein Liebster von deren Unverzichtbarkeit und Genialität höchstens in homöopathischen Dosen überzeugt war.

Nun ergaben sich daraus zwei zusätzliche Probleme. Zum einen galt der Ruhebereich seit Jahren als neutraler Boden, den man genau dann aufsuchte, wenn man sich ausruhen wollte. Ohne Zank, Zwist und Meinungsverschiedenheiten. Eine Regelung, der ich seinerzeit im Überschwang der Gefühle bedenkenlos zugestimmt hatte. Frisch verliebt, mit Schmetterlingen im Bauch und einer rosaroten Brille vor Augen, lief das Denkvermögen aller Beteiligten ja unweigerlich im Energiesparmodus ab. Lust und Leidenschaft vernebelten die Sinne und versüßten den Alltag, und zwar so stark, dass die kleinen grauen Zellen von einem Zuckerschock in den nächsten purzelten. Ein Zustand, in dem die geistigen Kapazitäten nicht einmal mehr für das Aufstellen von Putzplänen reichten, geschweige denn zur objektiven Einschätzung langfristiger Konsequenzen einer im Liebestaumel getätigten Absprache.

Es stand ja ohnedies fest, dass wir, bis dass der Tod uns scheide, ausnahmslos ein Herz, eine Seele und einer Ansicht sein würden.

Das mit dem Herzen und der Seele kriegten wir seit fast zehn Jahren auch recht gut hin, aber unsere Ansichten drifteten oft genug kilometerweit auseinander. Was nicht schlimm war, wenn Franz dann auf meine Seite überwechselte. Ich war kein nachtragender Mensch und gestand jedem zu, es sich nach eingehender Betrachtung anders zu überlegen, aber im umgekehrten Fall geriet der Haussegen natürlich etwas in Schieflage. Mein Standpunkt war mir allein schon in emanzipatorischer Hinsicht wichtig, als Frau hatte ich ja eine Quote zu erfüllen. Außerdem würde man seinen Horizont nie erweitern, wenn zwei Menschen ständig nur dasselbe dächten, dann wäre einer von ihnen letztlich überflüssig.

Der Regelung mit der konfliktfreien Zone würde ich heute also nur noch eingeschränkt zustimmen, denn Franz hatte bald erkannt, dass sich leidige Diskussionen einfach und ohne knallende Türen oder fliegende Untertassen beenden ließen, indem er unter den Nussbäumen Zuflucht suchte wie Verfolgte in einem Gotteshaus. Egal, ob schuldig oder unschuldig, das Kirchenasyl bot Schutz vor weltlichen Strafen und ebensolchen Übergriffen. Und genau das forderte er auch vom baumbestandenen Ruhebereich ein: eine aus partnerschaftlicher Sicht wenig zielführende Strategie. Nichts bringt eine Frau mehr in Rage als ein Mann, der abhaut, bevor sie das letzte Wort gesprochen hat. Und abgesehen von Säbelzahntigern, Meteoriteneinschlägen oder einem FKK-Strand in Afghanistan ist auch nichts gefährlicher als eine Frau, die man(n) nicht ausreden lässt. Wenn sich der Mann – wie heute – mit einem saloppen »Ich muss erst mal in Ruhe drüber nachdenken« aus der brenzligen Affäre zog, klang das für weibliche Ohren nur nach Argumentationsnotstand.

Würde Franz meinem Anliegen schneller zustimmen, dann hätte er auch schneller wieder seinen Frieden. Aber das verbot ihm Zusatzproblem Nummer zwei, die Sache mit den Sternzeichen. Ich war Steinbock, Aszendent Steinbock. Diplomatisches Geschick, eine faserschmeichlerische Wortwahl und selbstlose Kompromissfähigkeit lagen mir ferner als die Andromedagalaxie, dafür besaß ich ein Durchhaltevermögen (andere mögen es Sturheit nennen, aber das stimmt nicht, absolut nicht, nie und nimmer, wir können das gerne ausdiskutieren), um das mich selbst Sisyphus beneidet hätte. Wenn ich mir etwas in meinen Steinziegenschädel gesetzt hatte, dann müsste man mir den Kopf schon abschlagen, um mich von meinem Vorhaben abzubringen.

Franz war Löwe. Und Löwen sind bekanntlich Herrscher, keine Diener, die aufspringen, wenn das Weibchen mit der Pfote wackelt. Die Dschungelkönige möchten umschmeichelt und gekrault werden, reglos in der Sonne liegen und keine unnötigen Energien aufbringen, solange vom kürzlich erlegten Gnu noch genügend übrig war. Sie kamen erst in die Gänge, wenn das Futter knapp wurde oder man ihnen die Beute streitig machte. Und genau das hatte ich vor.

Dieses Mal ging es um einen Schrank, genau genommen um einen Jugendstilschrank mit Kassettenfüllungen und Beschlägen aus abessinischem Gold, der der Spinnwebendichte nach zu urteilen auch schon seit Franz' Jugendjahren im Holzschuppen lagerte und nur lichtscheuen, achtbeinigen Krabbeltieren etwas nützte.

Gestern am frühen Abend war mir dann die revolutionäre Idee gekommen, dieses historische Stück einer völlig neuen und ungemein verantwortungsvollen Verwendung zuzuführen, ihm sozusagen eine ehrbare, sinnstiftende Aufgabe in unserem Haushalt anzuvertrauen, von der wir längerfristig alle nur profitieren würden. Der Schrank würde endlich wieder Tageslicht sehen und könnte Frischluft genießen, und ich hätte ein äußerst dekoratives Hochbeet, in das ich Mengen an Kopfsalat setzen könnte. Und später vielleicht Palmkohl. Auf die Rückseite gekippt und ohne Kleiderstange und Türen müsste das hervorragend funktionieren. Eine echte Win-win-Situation.

»Das Möbel hätte wieder das Gefühl, gebraucht zu werden, das Gemüse würde sich beschützt fühlen und daher stressfreier wachsen, und wir könnten den ganzen Sommer lang gesunden, frischen Salat genießen. Ich dachte an das

Wunder von Stuttgart, das kriegt nicht gleich einen Sonnenbrand«, hatte ich meinem Mann vor knapp einer Stunde eröffnet, als wir beim Frühstück gesessen und die Wochenendplanung besprochen hatten.

Franz hatte das Buttermesser beiseitegelegt und mich angestarrt. Sekunden. Minuten. Eine gefühlte Ewigkeit. »Der Kasten ist Eiche massiv, mit Nussfurnier, Schellack-politiert, verleimter Korpus, vorgesetzte Sockelplatte, spatenförmig ausgeführte Vierkantspitzfüße …«

»Na bitte. Spatenförmige Füße. Das weist doch direkt auf eine Bestimmung als Gartenmöbel hin. Mit spatenförmigen Füßen wird er die Karriereleiter der Hortikultur im Handumdrehen erklimmen.«

»Ich fasse es nicht. Du willst aus einem musealen Prunkstück ein Hochbeet machen. Ein Hochbeet ist doch kein Gartenmöbel!«

»Doch, ist es!«

»Ist es nicht!«

»Wenn jemand etwas tischlert und dieses Etwas danach im Garten aufstellt, dann ist es auch ein Gartenmöbel.«

»Ein Gartenmöbel ist zum Sitzen da. Entweder darauf oder davor. Eventuell noch zum Liegen oder Schaukeln. Also Tisch, Stuhl, Bank, Liege, Schaukel, das sind Möbel. Für Menschen. Ein Hochbeet ist eine Kiste, also eigentlich eine Großraumkiste, ein schnöder Gebrauchsgegenstand zur Lagerung von Dingen. In dem Fall halt von Salatköpfen. Ich kann dir aber gerne eine zusammenbauen.«

»Ich will aber keine zusammengebaute schnöde Großraumkiste, ich will genau diesen Schrank. Der ist außergewöhnlich hübsch, sorgt für Aufsehen und hat die perfekten Maße, um als Krabbelstube für glückliches Grünzeug zu fungieren.«

Bei den Worten »glückliches Grünzeug« war mein Haus-

und Hoftischler sichtlich erblasst, danach aufgesprungen und hatte sich Richtung Hängematte verzogen, um mal in Ruhe drüber nachzudenken. Zurück blieben die Hälfte der Buttersemmel sowie eine kleinräumige beziehungskritische Gewitterfront.

Im Grunde glich doch jede Beziehung einem Garten. Pflegte man sie mit viel Liebe und versorgte sie mit ausreichend Nährstoffen, dann wuchs und gedieh eine stabile Partnerschaft, die jeder Schlechtwetterphase standhielt. Doch manchmal musste der Gärtner auch bewahrend oder formend eingreifen, allzu vorwitzige Triebe kappen, emotionales Unkraut jäten, abgestorbenes Material entfernen, Platz schaffen für Neues, Steine aus bewährten Wegen schaffen, die Geräte in betriebsbereitem Zustand halten, das Wachstum in die richtige Richtung lenken, ohne Wurzeln zu beschädigen und dergleichen mehr. Hin und wieder war das ziemlich anstrengend. Man holte sich Schwielen an den Händen oder auf dem Herzen, ruinierte seine Nerven oder das Kreuz und musste oft stunden-, tage-, wochen- oder sogar monatelang auf ein sichtbares Ergebnis warten.

Nach zwei Stunden Nachdenkpause, in denen ich vergebens auf die Rückkehr meines ruhebedürftigen Mannes gehofft hatte, hielt ich es nicht mehr aus. Geduld zählte wie gesagt nicht zu meinen Stärken, und auf eine sonderlich ausgeprägte buddhistische Grundgüte konnte ich auch nicht zählen. Also musste ich den schleppenden Entscheidungsfindungsprozess wohl etwas beschleunigen, indem ich mich zur Hängematte begab. Ruhestörung war letztlich ein Kavaliersdelikt.

Nach weiteren fünfzig Minuten hatte ich Franz von der unumgänglichen Notwendigkeit überzeugt, dem Jugendstilschrank eine Wiedergeburt als futuristisches Hochbeet zu verschaffen. Die Vorteile lagen klar auf der Hand. Auf meiner Hand.

Dass er das kunstvolle Teil irgendwann hätte restaurieren wollen, ließ ich als Hinderungsgrund nicht gelten. Bei seiner Arbeit blieb ihm gar keine Zeit für Restaurationswochenenden. Zudem stand das Möbel seit Ewigkeiten unberührt im Holzschuppen.

»Aber dort stört er nicht, dort kann er noch ein paar Jahre stehen.«

»Nein, kann er nicht. Schon morgen könnte er Opfer eines Holzwurmgeschwaders oder eines Biberangriffs werden.«

»Blödsinn. Ein Biber würde zuerst die Obstbäume fressen.«

»Es gibt bestimmt auch kunstsinnige Biber, die mehr auf Antikes stehen.«

Dass der Regen das Holz mit der Zeit zerstören würde und dann das ganze Beet auseinanderfiel, war gleichfalls kein Ausschlusskriterium. Schließlich waren wir alle sterblich, und den Salat hätten wir bis dahin längst aufgegessen.

»Warum?«, stöhnte Franz schließlich. Er hatte resigniert, das hörte ich ihm an.

»Darum.« Ich gab ihm einen Kuss. »Weil du mir damit eine riesige Freude machst, dem Kasten eine Daseinsberechtigung verleihst und dem Salat Geborgenheit schenkst. Du machst uns alle glücklich.«

Nun war es bekanntlich ja so, dass es Männern leichter fiel, die Gebrauchsanleitung zur Installation einer Photovoltaikanlage samt Wechselrichter, Dachhaken und Hammerkopfschrauben in Stein zu meißeln, als emotionale Befindlichkeiten in Worte zu fassen. Gespräche über Gefühle stellten generell vermintes Gebiet dar, das es zu meiden galt, da machte auch meiner keine Ausnahme, doch ging es dabei zumindest um mich, eine Frau, mit der er seit einer kleinen Ewigkeit zusammenlebte. Da hatte man(n) wenigstens eine vage Ahnung, wie das Gefühlsleben seines Gegenübers gerade beschaffen sein könnte. Aber mit den Gefühlen von Salatköpfen hat sich wohl kaum je ein Mann befasst.

Außer Cleve Backster.

Der ehemalige CIA-Mitarbeiter und Wissenschaftler aus Amerika, Spezialist für Verhörtechniken und Lügendetektoren, war dem Seelenleben von Pflanzen jahrzehntelang auf den Grund gegangen. Mit speziellen Gerätschaften und nahezu fanatischer Verbissenheit suchte er zu beweisen, dass Drachenbäume und Philodendren, aber auch Zwiebeln, Orangen, Bananen und Salatköpfe sowohl über Gefühle als auch über Geist und Gedächtnis verfügten, also durchaus Empfindungen wie Angst, Schmerz, Durst oder Trauer verspürten und sich bewusst Vorteile verschaffen konnten. Ganz ohne Herz und Hirn.

Mit Polygraf und Elektroden ausgerüstet, mit denen Backster seine botanischen Versuchskaninchen verkabelte, dokumentierte er unter anderem Todesängste von Pflanzen. Schon beim Gedanken, etwa den Feuertod zu sterben, weil Backster Streichhölzer im Anschlag hatte, schlug die Messnadel stets panisch aus. Die Reaktionen erfolgten über elektrische Impulse, also elektrophysiologische Vorgänge, doch davon hatte ich ebenso wenig Ahnung wie von Zwölftonmusik. Mit Gefühlen kannte ich mich hingegen aus und gestand sie auch allen zu, egal, ob Mensch, Tier, Pflanze, Auto oder Rasenmäher.

Ich persönlich hatte zum Beispiel ein ganz schlechtes Verhältnis zu meinem Tintenstrahldrucker. Er nahm mich nicht ernst, das spürte ich, hieß ja auch *der* Drucker. Mal bildete er sich ein offenes Papierausgabefach ein, mal fehlte ihm die Farbe Magenta, mal staute das Papier, obwohl gar keins drin war, mal hatte er nur ein leises Brummen für mich übrig und ignorierte alle meine Befehle. Doch kaum wollte mein Mann etwas drucken, überschlug er sich förmlich vor Arbeitseifer.

Wenn also schon Konstrukte aus toter Materie ein rudimentäres Gefühlsleben entwickeln konnten, warum nicht auch Grünzeug? Das waren immerhin Lebewesen, nicht nur Plastik und Blech.

Dennoch hatte die Wissenschaft Backsters umfangreiche Versuche bis zu dessen Tod als Humbug, Geschwurbel, Esoterik und botanischen Nonsens abgetan. Mittlerweile hat sich das Blatt jedoch ein wenig zu seinen Gunsten gewendet. Immer mehr Forscher, der Italiener Mancuso, aber auch einige deutsche, fanden Beweise für Backsters Thesen.

Als Krimiautorin begeisterte mich ja vor allem die Vorstellung, dass Pflanzen anscheinend in der Lage waren, einen Mörder zu entlarven. Auch dazu hatte es viele Versuchsreihen gegeben. Etliche Menschen mussten einzeln einen Raum betreten, in dem einer von ihnen zuvor und ganz im Geheimen eine Geranie zu Tode massakriert hatte. Blüten abgerissen, Blätter verbrannt, Wurzeln zu Brei getreten, Topf zerschlagen. Die anderen Pflanzen, die Zeuge der Tat geworden waren, verfielen bei der nachfolgenden »Gegenüberstellung« in Todesangst, kaum trat der Blumenmörder vor sie hin.

Leider gab es noch keinen einfach zu bedienenden Polygrafen für den Hausgebrauch, Zimmerpflanzen hätte ich zur Genüge. Was man dadurch alles erfahren könnte. Stellen Sie sich vor, Sie kommen abends völlig erschöpft von der Arbeit heim, stehen kurz vor dem Hungertod – und jemand hat sämtliche Schokoladenvorräte verputzt, von der letzten Tiefkühlpizza nur Krümel hinterlassen und dazu noch

Milch auf dem Küchenboden verschüttet. Als mögliche Übeltäter kommen infrage: Ihr Mann, die Kinder, einer der beiden Hunde oder Ihre verfressene Nichte, die gerne spontan hereinschneit und sich ungefragt den Bauch vollschlägt. Statt nun alle einem Kreuzverhör unterziehen zu müssen, um die Geschehnisse zumindest rhetorisch aus ihnen herauszuprügeln, bräuchten Sie nur noch Ihren Gummibaum zu fragen, und schon käme die Wahrheit ans Licht.

Da Pflanzen weder flüchten konnten und im Allgemeinen eher schweigsam waren, neigte der Mensch meist dazu, sie als stumpfsinnig und emotionslos anzusehen, doch wehe, man verletzte vorsätzlich ihre Gefühle …

Selbst robuste Gesellen wie Palmlilien ließen die Blätter hängen, wenn sie wiederholt als hässlich, blöd und nutzlos bezeichnet wurden. Der schwedische Möbelriese IKEA hatte im Zuge einer Anti-Mobbing-Kampagne an einer Schule in den Emiraten zwei identische Pflanzen unter Glas aufgestellt, eine wurde ständig gelobt, die andere beschimpft. Und was geschah? Die gemobbte Pflanze ging trotz gleicher Pflege fast ein, während die andere prächtig gedieh. Kritiker fanden das Ganze natürlich furchtbar unwissenschaftlich, doch pädagogisch wertvoll war das Experiment allemal. Ich hielt es ohnedies mit dem österreichischen Wissenschaftshistoriker Franz Strunz, der schon vor mehr als hundert Jahren sehr zutreffend festgestellt hatte: »Aller Aberglaube ist alte Wissenschaft, alle Wissenschaft neuer Aberglaube.«

Solange auch das Gegenteil nicht ausreichend bewiesen war, glaubte ich weiterhin an die Sensibilität meiner Pflanzen und würde mir auch in Zukunft den Mund fusselig reden, um sie zu schnellerem Wachstum, größeren Blüten und fetteren Beeren anzuregen. Machte König Charles schließlich auch. Nahezu jeder Gärtner sprach mit seinen Gewächsen. Und sollten sie uns tatsächlich nicht verstehen, dann bekamen sie dadurch wenigstens eine Extraportion CO_2 ab und ein paar nahrhafte Schallwellen. Im Unterschied zu uns Menschen konnten florale Geschöpfe eine Zeit lang wirklich nur von Luft und Liebe leben, eine beneidenswerte Eigenschaft. Löwen konnten das nicht, auch nicht die zweibeinigen, und schon gar nicht, wenn sie gerade fluchend einen tonnenschweren Vollholzkasten quer durch den Hof zum hintersten Teil des Gartens schleppen mussten.

»Wann gibt's eigentlich Essen?«, brüllte mein Mann, um die Entfernung zu überbrücken.

»Sobald das Beet steht«, brüllte ich zur Motivationssteigerung zurück.

Nach nicht einmal zwei Stunden stand der einstige Kleiderschrank aufpoliert und bezugsfertig an Ort und Stelle. Dafür servierte ich Franz mein strahlendstes Lächeln gemeinsam mit orientalischem Lammragout, Kräuterreis und frischem Salat – eine Anerkennung für seine Bemühungen um das Wohl der kommenden Gemüsegeneration.

Während er zufrieden vor sich hin kaute, weihte ich ihn in die Geheimnisse pflanzlicher Gefühle ein. Wissen schadete schließlich nie, und vielleicht würde er angesichts dieser doch recht revolutionären Forschungserkenntnisse in Zukunft mehr Verständnis für meine bemutternde Art gegenüber allen Gewächsen haben – und den Zucchini nicht ständig auf die Triebe treten.

Ich berichtete ihm vom Salat, der zuerst in Todespanik geriet und danach in Schockstarre verfiel, sobald man ihm mit Messer und Gabel an die Blätter ging, und dass die Angst um das eigene grüne Leben in Sekundenschnelle das ganze Gartenbeet erfasste, nicht nur das jeweilige Opfer.

Verwunderlich fand ich diese Massenpanik ohnedies

nicht. Bei Bäumen, mittlerweile aber auch bei Tomaten, Tabak und Mais, hatte man längst chemische Botenstoffe identifiziert, durch deren Aussendung bei Gefahr ein allgemeiner Alarmzustand hervorgerufen wurde. Heute war das Wood Wide Web dermaßen bekannt, dass es vermutlich selbst Borkenkäfern ein Begriff war. Vom Plant Wide Web hingegen hörte man kaum etwas. Dennoch stand fest, dass sich auch Gemüsepflanzen gegenseitig warnen konnten, vor Schneckenfraß – oder uns Menschen. Und das war bestimmt nicht nur eine Frage der Chemie, sondern auch der Gefühle.

Zellgeflüster nannte man diese Kommunikationsmechanismen, mit denen sich Pflanzen untereinander austauschten. Angeblich würden einige während ihres Sterbevorgangs sogar betäubende Gase wie etwa Ethylen ausstoßen, um sich selbst zu narkotisieren. Zum Glück konnte man den Gewächsen bislang kein Schmerzempfinden nachweisen, denn ich aß sehr gerne Gemüse, ohne jedes schlechte Gewissen. Ganz im Gegenteil. Grünzeug hatte eine weitaus bessere Umweltbilanz als Fleisch, und Tierwohl war eindeutig wichtiger als die Ängste eines Salatkopfs.

An der Uni von Tel Aviv hatte man vor zwei Jahren sogar festgestellt, dass gestresste Tomaten und Tabakpflanzen ihren Unmut förmlich in die Welt hinausschrien, wenngleich im Ultraschallbereich, weshalb man ihren Groll meist nur erahnen konnte.

»Sind das nicht wahnsinnig spannende Studien?«, fragte ich Franz, der andächtig das Lammragout schaufelte.

»Mhm.«

»Im Hinblick auf diese bahnbrechenden Erkenntnisse siehst du nun bestimmt selbst ein, warum die kleinen Salatpflänzchen eine passende Kinderstube gebraucht haben. Nun sind sie vor fiesen Schleimern geschützt und brauchen nicht ständig Angst um ihr Leben zu haben. Wenn die erst einmal ausgewachsen sind, werden sie doppelt so gut schmecken. Und ich hab eine echte Freude mit diesem wunderschönen Schrankbeet.«

»Mhm.« Mein Mann griff bedächtig nach der Serviette. »Also der Salat fällt in Ohnmacht, wenn er mitkriegt, dass du mit dem Dressing kommst?«

»Genau.« Er hatte mir also doch zugehört. »Andere Pflanzen übrigens auch.« Bestimmt erging es Schnittblumen oder Radieschen ähnlich.

»Jetzt würde mich aber mal interessieren«, er blickte kurz vom Teller auf, »muss ich mir Pflanzen jetzt als Panikorchester vorstellen, eine Ansammlung von botanischen Hasenfüßen, die von einer Furcht in die nächste kippen, oder gibt's auch etwas, das sie glücklich macht? Außer einem Jugendstilhochbeet?« Das letzte hatte etwas vorwurfsvoll geklungen.

Natürlich gab es das. Hatte Backster auch mal erwähnt. »Sex.«

»Blümchensex mit Bienen?«

»Nein, von Mensch zu Mensch genügt.«

Stolz über mein zwar noch nicht enzyklopädisches, aber doch recht umfangreiches Hintergrundwissen berichtete ich ihm von der mutmaßlich positiven Wirkung knisternder

Erotik zwischen Zweibeinern auf das pflanzliche Wohlergehen, wenn diese sich im selben Raum befanden.

»Je häufiger man Sex hat, desto seltener erkranken die Pflanzen ringsum.«

Als Franz die Salatschüssel von sich schob und meinte, dann wäre es wohl an der Zeit, das Grünzeug nicht weiter zu foltern und stattdessen etwas für die Gesundheit der Gummibäume zu tun, musste ich mir eingestehen, dass er diesmal sogar ziemlich gut zugehört hatte.

Meine größten Gartenpannen 2 oder Das lustige Keimblatträtseln

Eine Steinziege weiß, Ordnung muss sein. Wo kämen wir denn hin, wenn alles irgendwo hinkäme und niemand mehr was fände. Kostbare Zeit würde sinnlos vertan, die man weitaus gewinnbringender mit Schlafen, Essen, Lesen, Unkrautjäten oder mit der Katze auf dem Schoß verbringen könnte. Ganz zu schweigen von den nervlichen Strapazen, stets nach der Nadel im Heuhaufen, dem linken Gartenhandschuh oder einer Klemme für die Rankhilfe suchen zu müssen.

Nur gut, dass mir das nie passierte, denn ich war ein präziser, vorausblickender und ordnungsliebender Mensch, dem zwar oft die Geduld, aber nur selten ein Kleinteil abhandenkam. Bildete ich mir zumindest ein.

Außerdem war ich leidenschaftliche Hobbygärtnerin.

So eine grüne, blühende, insektenfreundliche und tellerfüllende Oase bedurfte schließlich einer ausgeklügelten strategischen Organisation, denn im Grunde war jedes Heimgartenparadies nur das Ergebnis einer generalstabsmäßigen Planung und Umsetzung; ein künstlicher, wenngleich kunstvoller Gegenentwurf zur wild wuchernden Natur, in der es zwar bunte Blumen, aber keine Tomaten gab, viele Sträucher, doch keinen Wolligen Fingerhut. Und obwohl in meinem Naturgarten sehr viel Natur wuchern durfte, ohne Tomaten und Wolligen Fingerhut konnte und wollte ich nicht sein.

Ganz abgesehen von Schneckenbohnen und Rosmarinheide, Sodomsäpfeln und Inkagurken, Eierbäumen und Melonenbirnen …

Blumenfreunde und Gartenbesitzer lebten ja generell nach dem Motto »Darf's ein bisserl mehr sein?«. Wenn wir irgendwann ins Gras bissen, dann bestimmt nicht wegen Knochenbrüchen, tödlichen Kollisionen mit Gartengeräten oder dem Angriff eines Erdwespenschwarms, weil man versehentlich das Nest ausgehoben hatte, um eine Bergflockenblume zu setzen, sondern wegen unseres fatalen Hangs zum Plant Hoarding.

Nie hatte man genug Pflanzen, immer poppte irgendwo eine ganz besondere Rarität auf, die man auch noch besitzen musste. Ich jedenfalls litt bereits chronisch unter meiner botanischen Sammelwut.

Doch abgesehen vom recht beschränkten Angebot der meisten Gartencenter stand dem Kauf einer erwachsenen Pflanze auch meine gärtnerische Ehre im Weg. Ich wollte mich als Geburtshelfer profilieren und diesen intimen Moment, wenn ein Samenkorn zum Keimling wurde, keinesfalls missen. Es gab doch nichts Schöneres, als mit Dutzenden seltenen Arten schwanger zu gehen.

Also beschloss ich vor einiger Zeit, exakt dreiundfünfzig dieser Raritäten in meine blühende Großfamilie aufzunehmen. Die Samen stammten aus der ganzen Welt, das praktische Mistbeet mit Abdeckung hatte der Mann beigesteuert, die Aufzucht würde ich erledigen.

Präzise, vorausblickend und ordnungsliebend, wie ich war, konnte da absolut nichts schiefgehen. Der Erfolg war mir sicher.

Mit maximaler Sorgfalt hatte ich dreiundfünfzig Samenkörner mittig in dreiundfünfzig mit Anzuchterde gefüllte Anzuchttöpfe gedrückt und diese durch dreiundfünfzig mit Füllfeder und in Schönschrift verfasste Pflanzenetiketten gekennzeichnet. »Goldkelchwein«, »Litschitomate«, »Stundeneibisch«, »Ägyptisches Bilsenkraut« …

Danach bettete ich die Töpfe, perfekt aneinandergereiht und gleichmäßig ausgerichtet, vorsichtig in das Mistbeet, versorgte sie ausreichend mit Wasser, schloss die Abdeckung und gab mich der Vorfreude auf kräftige Keimlinge hin. Nach einer Woche war es so weit. Die ersten grünen Spitzen drängten sich ans Licht. Vor Freude bekam ich ekstatische Zustände. Und täglich wurden es mehr. Ein Pflänzchen nach dem anderen tauchte auf und streckte seine winzigen Blätter der Sonne entgegen. Ein Ereignis, das für mich die Bedeutsamkeit jeder Mondlandung übertraf. Ein kleiner Schritt für eine Großgärtnerei, aber ein ganz großer Schritt für mich.

Nach nicht einmal drei Wochen wuchsen in dreiundfünfzig Töpfen auch dreiundfünfzig gesunde, kräftige Pflanzenbabys in die Höhe, während ich in meiner Elternrolle förmlich aufblühte. Wie eine Helikoptermutter rotierte ich Tag und Nacht um das Anzuchtbeet, jederzeit kampfbereit, um meine Sprösslinge gegen Milben, Läuse, Raupen, Schnecken und jegliches Krabbelgetier zu verteidigen.

Nach nicht einmal sechs Wochen passierte dann der Tragödie erster Teil.

Meine in schönster Schreibschrift und mit türkiser Tinte beschrifteten Pflanzenetiketten erwiesen sich zwar als echter Blickfang, aber nicht als wasserfest. Eine kleinräumige Gewitterzelle, von der meine Wetter-App nicht das Geringste bemerkt hatte, entlud sich aus heiterem Himmel über das abgedeckte Frühbeet. Die Pflanzen überlebten den Regenguss, die Tinte nicht. Wunderhübsche Buchstaben waren zum Rorschachtest verkommen, der Dutzende Interpretationen offenließ.

Damit nicht genug, musste ich mich nun auch der Erkenntnis stellen, dass die kleine Ochsenherztomate so gar nicht nach Tomate aussah, sondern eher nach Gurke. Die Zaunrübe kam mir gleichfalls komisch vor. Die hatte normalerweise doch weder gelappte Blätter noch Ansätze von Dornen. Und erst die Schwarze Stockrose. Das war garantiert kein Malvengewächs, das kleine grüne Ding glich mehr einem Bilsenkraut. Was für eine Bescherung! Nach und nach erkannte ich, nichts mehr zu erkennen. Der Tragödie zweiter Teil hatte mich in Form von Ameisen ereilt, die mit großem Fleiß meine Samenkörner verschleppt hatten.

Was da hätte wachsen sollen, wuchs nun dort – und umgekehrt. Nichts, absolut nichts war so, wie ich es geplant hatte.

Statt allen Gartenfreunden stolz das Ergebnis meiner erfolgreichen Zuchtversuche präsentieren zu können, verbrachte ich, unterstützt von zwei professionellen Gartenbauprofis und einer promovierten Biologin, endlose Stunden mit dem Erraten von Keimblättern. Am Ende hatten wir zwar fast zwei Drittel davon identifiziert, der Rest blieb bis auf Weiteres anonym.

Und weil offenbar nicht nur aller guten, sondern auch aller schlechten Dinge drei waren, verirrte sich bald darauf ein Reh in den Garten und fraß die halben Pflanzen auf.

Mafiöse Tendenzen im Gemüsebeet

Wieder einmal saß ich bereits zum ersten Hahnenschrei im Garten und trank Kaffee. Und wieder einmal mit zitternden Fingern und klopfendem Herzen. Ein einigermaßen vernünftiger Mensch würde akutes Herzrasen zwar keinesfalls mit Koffein bekämpfen, aber wer war schon vernünftig, bevor er seinen ersten Morgenkaffee getrunken hatte. Ich jedenfalls nicht.

Dabei hatte ich endlich wieder mal gut geschlafen, ganz ohne Kreuzschmerzen, Stechmücken, Würgebohnen oder das Gefühl, die Schokomousse im Kühlschrank hätte sehnsüchtig nach mir gerufen – bis mir Boris gegen fünf ein echtes Katerfrühstück ans Bett servierte: frische Maus mit Gänseblümchen und Geschnurre. Gegen Blumen und kätzische Zuneigung hatte ich auch nichts einzuwenden, wohl aber gegen springlebendige Mäuse.

Erst kürzlich hatte ich irgendwo gelesen, dass es ein Irrglaube von uns Menschen sei, die von der Katze angeschleppten Kleintiere als Geschenk zu betrachten, sozusagen als Dank für unsere tollen Fähigkeiten beim Dosenöffnen und Kissenbereitstellen. Mitnichten. Katzen brachten ihre Beute ins Haus, um uns Zweibeinern das Jagen beizubringen, damit wir auch mal echtes Frischfleisch bekämen. Und das funktionierte am besten, wenn das Lehrobjekt noch munter herumspringen konnte.

Vermutlich hatte auch mein schwarzer Kater den Artikel gelesen, denn bislang hatten sich seine Gaben auf tote Materie beschränkt, doch diesmal war es eine putzmuntere Wühlmaus, die er im Triumphmarsch bis an mein Bett schleppte. Dort blickte Boris mich mit seinen großen gelben Augen aufmunternd an – und ließ die Maus frei.

Sofort raste der kleine Nager los und verschwand unter dem Bett, der Kater hintendrein. Eine Zeit lang waren nur die Geräusche von großen Pfoten und kleinen Pfoten auf dem Parkettboden zu hören, die sich im Kreis zu drehen schienen. Dann ging die wilde Jagd weiter zum Topf mit dem Fensterblatt, auf das die Maus sich zu retten versuchte, während Boris den Stamm mit seinen scharfen Krallen malträtierte, von dort unter die Kommode, hinter den Uhrkasten (dort sollte ich wohl dringend Staub wischen), über den Stapel ungelesener Bücher, der mit lautem Gepolter umfiel, hinweg, erneut unter das Bett und schlussendlich ein paar Runden um den Garderobenständer.

Bei der sechsten Runde bog die Maus blitzschnell ab, sauste zur Fußbodenleiste, hechtete auf einen niedrig angebrachten Holzbalken und war nicht mehr zu sehen. Hören konnte ich sie hingegen noch gut.

Offensichtlich hatte das flinke Tier ein winziges Loch hinter dem Holz entdeckt, sich in die Dämmung der Dachmansarde geflüchtet und im Mäuseparadies wiedergefunden. Schafwolle war ein herausragender Naturdämmstoff mit guter Wärmeleitfähigkeit, nahrhaft, kuschelig weich, unerreichbar für Katzen und insofern der ideale Ort für eine Maus, um sich ein geschütztes Nest zu bauen, in dem man alle drei Wochen ein Dutzend Jungen zur Welt bringen konnte, die in kürzester Zeit selbst geschlechtsreif wurden, für weiteren Nachwuchs sorgten und über kurz oder lang das Dach zum Einsturz brachten oder in den Garten auswanderten, um dort für ein Massaker unter den Blumenzwiebeln und Gemüsepflanzen zu sorgen. Tolle Aussichten.

Mit morgendlich steifen Knochen erhob ich mich, schichtete den Bücherstapel wieder auf und besah den Balken genauer. Die freiliegenden Holzträger versprühten eine angenehm warme, heimelige Atmosphäre und harmonierten herrlich mit meinen burgunderrot gestrichenen Wänden, wiesen jedoch weder Löcher noch Ritzen auf. Nur dort, wo der Balken auf den Boden traf, klaffte zwischen Holz, Fußleiste, Boden und dem Anschlussrohr des Heizkörpers ein winziger Spalt, doch der Maus hatte er genügt, während ich nicht einmal zwei Finger in die Ritze bekam. Also griff ich mir ein Buch, Hardcover, 700 Seiten, und schlug damit gegen die Wand, um den nervigen Nager davon abzuhalten, sich hinter meinem Bett häuslich einzurichten. Immer wieder.

Ich schlug, die Maus scharrte, der Kater saß vor dem Fenster, putzte sich hingebungsvoll die linke Hinterpfote und tat, als würde ihn die Sache nicht das Geringste angehen.

Irgendwann – mir schmerzte bereits die Hand – erinnerte ich mich, dass Schafwolle auch schallisolierend wirkte. Womöglich nahm die Maus meine dröhnenden Schläge nur als dumpfes Pochen wahr? Oder sie hatte überhaupt was an den Ohren. Das Scharren hinter der Wand ging jedenfalls unvermindert weiter.

Im Garten beruhigte ich mich langsam. Trotz Koffein hatte ich keinen Herzinfarkt erlitten, der Blick auf mein blühendes Reich erwies sich wie so oft als Balsam für die Nerven, und das Gezwitscher der Vögel vertrieb jeden Gedanken an Mäuseterror. Fast eine Stunde saß ich einfach nur da und genoss die bunte Pracht.

Dann erschien Franz, mit Kaffee, aber ohne Morgenzeitung, was sehr ungewöhnlich für ihn war.

»Heute keine Zeitung?«

»Doch. Liegt auf dem Küchentisch.«

Mit hektischen Bewegungen rührte er in seiner Tasse, was noch ungewöhnlicher war, denn mein Mann tat niemals Zucker in den Kaffee.

»Schlecht geschlafen?«

»Ging so.«

Rühren. Schweigen.

»Ist irgendwas?«

Verstärktes Rühren.

»Nun sag schon!«

Endlich ließ er den Löffel los und wandte sich mir zu.

»Na ja. Es ist wegen der Borkenfelds …«

Nur nicht zu viel Information auf einmal preisgeben …

Die Borkenfelds hatten ein Haus ein paar Straßen weiter gekauft, sympathische Leute, wie wir aus der Großstadt hergezogen, ähnliche Interessen, ähnliches Alter, und so hatte mein Mann sie heute zum Essen eingeladen. Ich sah weit und breit kein Problem.

»Ich habe schon alles vorbereitet. Als Vorspeise gibt es eine Quiche mit Spargel und Barrique-Schinken, danach Schweinebraten mit krosser Kruste und Kartoffelknödel und zum Dessert einen Milchrahmstrudel mit Vanillesoße. Eine Best-of-Auslese meiner kulinarischen Fähigkeiten sozusagen. Die Borkenfelds werden begeistert sein.«

Schweigen.

»Sag doch was!«

Schweigen. Rühren.

Räuspern.

»Die Borkenfelds sind Veganer.«

Mein Puls begann erneut zu rasen. »Und das sagst du erst

jetzt?! Wo der Braten schon mariniert ist, der Hefeteig für den Strudel längst geht und die Quiche nur noch in den Ofen muss?«

Rühren. Schweigen.

»Hab ich vergessen.«

»VERGESSEN?! Wie kann man das Allerwichtigste bei einer Essenseinladung vergessen? Ich habe gestern stundenlang am Herd gestanden, um das Menü vorzubereiten. Bis weit nach Mitternacht.«

»Tut mir wirklich leid.«

Jetzt hätte ich ihn zwar umbringen können, aber das war auch keine Lösung. »Und was nun?«

Mit Schulterzucken brachte Franz ein weiteres Ausdruckselement ins Gespräch ein. »Weiß ich auch nicht. Mach halt was mit Gemüse. Davon haben wir eh mehr als genug.«

Dann stand er auf, murmelte ein motivierendes »Du schaffst das schon« und ging. Wahrscheinlich kochte wieder mal der Leim.

Auf dem Weg zu den Gemüsebeeten ging ich der Frage nach, warum ein Mann sich sämtliche Songs der Beatles in chronologischer Reihenfolge samt Jahreszahl merken konnte, die zwei, drei Eckdaten einer Essenseinladung aber nicht.

Antwort fand ich keine, daher widmete ich mich der nächsten Frage: Was sollte ich wirklich kochen? Im Haus fand sich kein Tofu, es war Sonntag, und ich hatte wenig Lust, schon wieder stundenlang in der Küche zu stehen.

Dreierlei Salate aus dem Sonnenblumenbeet klang jedenfalls schon mal gut. Im Unterschied zu wochenlanger Fraßfolter durch Schnecken musste dem Grünzeug die Salatschüssel sowieso wie eine Art Gnadentod vorkommen, auch wenn sie dabei nur seelische Qualen erlitten. Danach würde es Bohnengulasch geben.

Nicht, dass ich nachtragend wäre, natürlich nicht, niemals, doch bereits beim Gedanken an die prallen Schoten, die im Kochtopf bald ihrer kulinarischen Bestimmung entgegenblubbern würden, überkam mich ein umfassendes Gefühl der Genugtuung, etwas, das ich sonst nur verspürte, wenn ich einen literarischen Mord begangen oder eine völlig verwahrloste Baumarktpflanze zu neuem Leben erweckt hatte.

Zuvor würde ich den strammen Ranken der Feuerbohne, die bereits die Dachrinne erklommen hatten, allerdings noch ihre Grenzen aufzeigen müssen. Womöglich plante dieser botanische Muskelprotz einen weiteren Angriff auf mein Leben. Und diesmal in echt. Nur noch zwei Meter trennten seine Triebe von meinem Schlafzimmerfenster, das wegen der Katze stets offen stand. Ranken der Feuerbohne konnten über sechs Meter werden, da stellte der Aufstieg in den ersten Stock kein Hindernis dar. An der nötigen Kraft mangelte es ihr gleichfalls nicht. Gäbe es Leistungsschauen für Gemüsepflanzen, wären Hülsenfrüchte stets vorne mit dabei. Allein ihre Fähigkeiten zur Keimung und Quellung brachen sämtliche Rekorde. Ein einziges vertrocknetes, schrumpeliges Böhnchen, in ein Gefäß gelegt und mit Gips aufgefüllt, konnte binnen kürzester Zeit mühelos die harte Kruste durchbrechen, manchmal sprengte es dabei das ganze Gefäß. Ich hatte sogar von einem Versuch gelesen, bei dem 500 Gramm Bohnen die Karosserie eines Wagens mit 600 Kilo um einen halben Zentimeter anheben konnten, nachdem man sie in Wasser hatte aufquellen lassen. Bestätigt wurde diese sportliche Höchstleistung im Gewichtheben später zwar nie, doch mir gefiel der Gedanke, bei Reifenpannen einfach zu Bohnen statt zu einem Wagenheber zu greifen. Eine Flasche Wasser hatte man schließlich fast immer dabei.

Was mir hingegen nicht gefiel, war das Dominanzverhalten der Bohne. Sie wollte allen über den Kopf wachsen, ihre Überlegenheit demonstrieren, die Macht an sich reißen. Kurz gesagt, sie wollte in jeder Hinsicht hoch hinaus. Klar, wer wollte das nicht. Ich hätte auch nichts dagegen, nur war ich nicht schwindelfrei. Schon das Wechseln einer Glühbirne empfand ich als extremsportliche Challenge, wenn ich dabei auf einen Stuhl steigen musste.

Als Gott davon sprach, sich die Erde untertan zu machen, hatte er jedenfalls nur von Fischen, Vögeln, Vieh und allem Getier gesprochen, das auf der Erde kroch. Pflanzen wurden nicht erwähnt.

Dennoch machten wir Menschen uns natürlich lieber die Botanik untertan, da riskierte man eindeutig weniger als beim Versuch, einen Schwarm Hornissen oder ein Rudel Rothirsche zu domestizieren. Grünzeug – ob blühend oder nicht – leistete kaum Widerstand und ließ alles mit sich geschehen. Nur, wie lange noch? Stand uns Gartenbesitzern ein floraler Aufstand bevor? Musste man mit einer Meuterei im Gemüsebeet rechnen? Angeführt von der Bohne, die sich ganz offensichtlich zur Vorkämpferin dieser Bewegung aufgeschwungen hatte?

Einerseits verstand ich sie ja. Egal, ob Erbsen, Bohnen, Karotten oder Blumenkohl, nie zählten deren vielseitigen Talente, immer ging es nur um Geschmack und Nährwert.

Seien wir doch ehrlich. Haben Sie schon mal einer Karotte zu ihrer Karriere im Rennsport gratuliert? Vermutlich eher nicht. Dennoch hat man vor gar nicht langer Zeit einen Formel-3-Wagen mit Lenkung aus Karottenfasern produziert.

Oder den Spinat für dessen Nächstenliebe gelobt? Ganz zu schweigen von der bedeutsamen Rolle des Kürbisses in der bildenden Kunst: Von Edvard Munch, Giuseppe Arcimboldo und Paula Modersohn-Becker auf der Leinwand verewigt, hätte der appetitliche Plutzer etwas mehr Wertschätzung verdient, als nur als Halloween-Deko zu verstauben oder im Topf zu schmoren.

Damit nicht genug, wurden Nutzpflanzen von anderen Gewächsen aufs Übelste diskriminiert, gemobbt und gehänselt. Von Weicheiern, Warmduschern oder degenerierten Duckmäusern war da die Rede, die ohne gärtnerische Unterstützung nicht mal Wurzeln schlagen könnten, geschweige denn alleine überlebensfähig wären.

»Überhaupt kein Stolz, dieses erbärmliche Grünzeug«, hatte sich etwa der Löwenzahn mokiert. »Lassen sich vom Menschen aushalten, wässern, düngen, das Ungeziefer abklauben, vor jedem Windhauch beschützen und dann auch noch freiwillig verstümmeln. Eine Schande für uns alle. Verwöhntes Gesindel.«

Der Feldrittersporn und die Zaunwinde sahen das ähnlich. »Wie dumm muss man sein, um sich wegen ein paar Monaten Rundum-Beet-Service freiwillig in Knechtschaft zu begeben. Zuerst Wurzel-Wellness und dann Kochtopf-Hellness. Pah!«

»Schwächlinge, lauter Schwächlinge«, fand auch die Karde. »Vor lauter Inzucht sterben die ja schon, bevor unsereins überhaupt erwachsen ist.«

Und so munkelten und mauschelten die Wildpflanzen in einem fort, kaum fühlten sie sich unbeobachtet.

Ich nahm ihr Gerede nicht wirklich ernst, doch es bewies recht gut, dass aus pflanzlicher Sicht jeder Garten eine strikt hierarchische Klassengesellschaft war. Die Anarchisten, die ohne jedes menschliche Zutun im Wald, am Wegrand oder auf der Wiese wuchsen und sich aus reinem Entdeckergeist meist ganz freiwillig im Garten ansiedelten, betrachteten das verweichlichte Gemüse ähnlich herablassend wie Wölfe einen Zwergpudel; die wegen ihrer formvollendeten Schönheit gezüchteten Zierpflanzen wiederum bezeichneten ihre wildwüchsigen Vorfahren als plumpe, unansehnliche Landpomeranzen, die viel zu wenig auf ihr Äußeres achteten, und – was mir wirklich unverständlich war – letztendlich waren sich die einzelnen Nutzpflanzenarten nicht einmal untereinander grün.

Die Bohne ertrug keine Erbsen in ihrer Nähe, die Erbsen tolerierten keine Kartoffeln als Nachbarn, die Radieschen hassten die Gurken, und der Sellerie bestand auf größtmöglichen Abstand zum Kopfsalat.

Ein unendlicher Zickenkrieg. Nur der Spinat stellte kaum Ansprüche, verdrängte niemanden und war freundlich zu allen. Eine nette, umgängliche Pflanze, die wenig Zuwendung einforderte und generell eine sehr soziale Ader besaß. Vor einigen Jahren hatte man dieses Gemüse mithilfe von Nanobionik sogar zu einer Seuchen- und Sprengstoffsuchpflanze aufgerüstet, um Landminen, Grundwasserkontaminationen oder Umweltgifte aufzuspüren. Und der Spinat hatte brav seinen Dienst versehen.

Gerade wegen seiner bescheidenen, hilfsbereiten und pflegeleichten Art schien mir das Blattgemüse allerdings ungeeignet für den Königsthron. Ein Souverän opferte sich nicht auf, er ließ sich hofieren und bewundern und bestand auf einer gewissen Etikette.

Die generell sehr kurze Lebensdauer der Kulinarikfraktion stand einem Herrschaftsanspruch außerdem im Weg. Nur Rhabarber oder Spargel konnten mehrere Jahre alt werden, oder Artischocken, alle anderen starben spätestens nach dem ersten Frost, sofern sie bis dahin nicht gegessen wurden. Das distelartige, dekorative Gemüse mit seinen südländischen Wurzeln litt in unseren klimatischen Breiten jedoch stark unter Heimweh. Da halfen weder tröstende Worte noch dreifache Düngemittelgaben: Kaum zogen Wolken auf, verfiel das imposante Gewächs mit der aristokratischen Herkunft in Selbstmitleid und produzierte statt schmackhafter Köpfe nur noch traurige Gedanken und mir ein schlechtes Gewissen. Schließlich war ich diejenige, die diese mediterrane Köstlichkeit unbedingt in meinem Garten haben wollte, egal, wie fehl am Platz sie sich dabei fühlte.

Diese aufrechte Haltung, die edle Gestalt, der deliziöse Gaumengenuss ihrer Früchte – ach, ich war wirklich ein großer Artischocken-Fan. Die ganze Pflanze glich einem Kunstwerk der Natur.

»Die hat halt Rasse und Klasse«, flüsterte ich der Feuerbohne zu, während ich ihre himmelwärts strebenden Triebe stutzte. »Eine echte Delikatesse. Und erst dieses elegante Gehabe.«

Ich spürte förmlich, wie die Bohnenpflanze vor Wut die Ranken versteifte, während ihre kleinen roten Blüten einen feurigen Schimmer annahmen. Gemein sein konnte ich gut, wenn ich wollte. Schließlich schrieb ich auch Krimis, keine Liebesromane.

»Diese Mafiabraut! Dass ich nicht lache!«, zischte die Bohne verärgert retour. Nun hätte ich natürlich vor Schreck erstarren müssen, aber mittlerweile wunderte mich nichts mehr. Jeder, der lange und leidenschaftlich genug in der Erde wühlte, säte und jätete, um Kräuterbeete, Blumenrabatten oder Gemüseplantagen anzulegen, wurde früher oder später vom Gartenvirus befallen. Ausnahmslos. Jeder. Die Symptome dieser bislang unheilbaren Krankheit unterschieden sich allerdings von Mensch zu Mensch.

Die einen bekamen bereits beim Anblick eines Samentütchens das Restless-Legs-Syndrom, andere litten wochenlang unter Schlafstörungen, Appetitlosigkeit und Magendrücken, weil ihre Lieblingspflanze kränkelte, einige wiederum erlitten schwere Fieberschübe, sobald sie ein Gartencenter betraten, oder verfielen in amokartige Gewaltbereitschaft, wenn jemand seine Zigarette in Blumenerde ausdrückte. Es gab sogar welche, die sich vom Kleinblütigen Weidenröschen gestalkt fühlten oder Tagebuch über die Befindlichkeiten ihrer Duftgeranie führten. Ich hörte halt hin und wieder Stimmen. Könnte schlimmer sein.

Als ich alle Ranken ausreichend beschnitten hatte und mit dem Sammeln der Schoten begann, lag mir die Bohne immer noch in den Ohren.

Wie ich mich nur für so ein kriminelles Gewächs begeistern könne, fuhr sie mich empört an, wo diese stachelige O-sole-mio-Staude vor etwa hundert Jahren noch mit der Mafia gemeinsame Sache gemacht habe.

Das stimmte. Fast der gesamte Import der Artischocken an der amerikanischen Ostküste war von einem Mafiaclan kontrolliert worden. Mit entsprechend mafiosen Methoden wie Erpressung, Körperverletzung, Wucherpreisen, Raub und Mord. Dennoch. Verglichen mit Menschenhandel und Drogenimport ging das Artischockenmonopol schon fast als Bagatelle durch.

»Jeder hat eine zweite Chance verdient«, hielt ich meinem Lieblingsgemüse die Stange. »Und freiwillig hat sie bestimmt nicht mitgemacht.«

Außerdem hatte es früher auch Bohnenduelle gegeben, bei denen gleichfalls sehr viele Menschen zu Schaden gekommen oder gestorben waren. Da diese Hülsenfrüchte im Rohzustand sehr giftig sind, waren sie einst anstelle von Waffen eingesetzt worden. Die beiden Duellanten hatten abwechselnd eine rohe Bohne verschlucken müssen, und wer zuerst unter entsetzlichen Krämpfen zusammengebrochen war, hatte verloren.

Eine preisgünstige, unblutige und umweltschonende Art, seinen Rivalen ins Jenseits zu befördern, fand ich.

Aber da ich keine Lust auf weitere Diskussionen mit einer Gemüsepflanze hatte, die vom Konkurrenzneid stärker zerfressen schien als von der Schwarzen Bohnenlaus, hielt ich den Mund und ließ sie einfach weiter nörgeln. Der Rhabarber sei eine lächerliche Kompottstaude, nicht vergleichbar mit ihrem Potenzial zum Superfood, die Gurken eine bloße Ansammlung an kondensiertem Wasser mit einer Schale drum herum und dazu ohne jeden Nährwert, die Erbsen ein zwergwüchsiger Nachahmungstäter ihrer Herrlichkeit, der Bohne …

Ich rang mir ein unverbindliches »Ach ja« ab, packte meinen Korb und ging. Es war ohnedies höchste Zeit, mit dem Kochen zu beginnen.

Während das vegane Gulasch seiner kulinarischen Vollendung entgegenköchelte, musste ich über das bemerkenswerte strategische Kalkül der Bohne nachdenken. Manchmal hatte ich wirklich das Gefühl, Pflanzen waren auch nur Menschen. Das ganze Leben drehte sich um Futter, Fortpflanzung, Familienbanden oder die Bekämpfung von Feinden; einige waren fleißig und genügsam, andere arrogant oder abweisend, die einen dienten, die anderen ließen sich bedienen, und die Bohne war größenwahnsinnig geworden und träumte von der Weltherrschaft. Als Multitalent unter den Nutzpflanzen – sie war kräftig, schnell wachsend, äußerst nährstoffreich, durchaus attraktiv und ziemlich intelligent – beherrschte sie sogar ein paar rhetorische Kunstgriffe der Politpropaganda.

Etwa ernsthafte Konkurrenten durch üble Nachrede schlechtzumachen, sie vor den Wahlen in einen Skandal zu verwickeln oder als allgemein schädliches Feindbild darzustellen, das es mit allen Mitteln zu bekämpfen galt, während man sich gleichzeitig als Retter aus untragbaren Verhältnissen inszenierte, ein volksnaher Held, der endlich Schluss mit den verkommenen und verkrusteten Strukturen machte. Bestimmt hatte auch die Feuerbohne bereits versucht, alle Pflanzen ringsum mit haltlosen Versprechungen für sich einzunehmen.

Freie Platzwahl im Beet!

Bester Dünger für alle!

Schnecken raus aus dem Garten!

Würdiges Altern und unbegrenzter Familienzuzug ist unser gutes Recht!

Tod den Kochtöpfen und Blumenvasen!

… und dergleichen mehr.

Nur gut, dass man den gekochten Bohnen nichts mehr von ihrem umstürzlerischen Gedankengut anmerkte. Sie gaben keinen Ton von sich, hatten alle Giftstoffe eingebüßt und schmeckten schlichtweg köstlich.

Das fanden zwei Stunden später auch die Borkenfelds.

»Delikat, einfach delikat.« Holger lud sich mit unverhohlener Begeisterung eine zweite Portion auf den Teller. Es schien ihm wirklich ausgezeichnet zu schmecken, was mich natürlich sehr freute. Ich hatte seit Jahren kein Bohnengulasch mehr zubereitet, da ich lieber Kartoffeln mochte, aber wenn man den halben Vormittag in der Küche verbracht hatte, hatte man meiner Ansicht nach eine gewisse Wertschätzung am Mittagstisch verdient. Als Aufwandsentschädigung sozusagen.

Irma Borkenfeld gönnte sich gleichfalls einen üppigen Nachschlag.

»Ach, was beneide ich dich um deinen Garten«, seufzte sie. »So ein selbst gezogenes Gemüse ist doch das Schönste, was es gibt. Gesund, vitaminreich, bekömmlich, einfach nur gut. Das müssen doch himmlische Gefühle sein, sobald du dein Paradies betrittst.«

Ich nickte und ging, um nach dem Apfelstrudel im Rohr zu sehen. Dass mein grünes Reich manchmal eher an den ersten Kreis der Hölle grenzte, verschwieg ich lieber. Und über das nicht immer so bekömmliche Gemüse wollte ich gleichfalls kein Wort verlieren. Etwa darüber, dass mittlerweile mehr Menschen durch bittere Zucchini starben als durch Schierlingsgift oder dass der *Gardeners' Chronicle* 1846 noch zum Verzehr von Rhabarberblättern als Spinatersatz geraten hatte, was weniger den Hunger stillte als den Friedhof füllte. Mit solchen Fakten wollte ich meinen veganen Gästen nicht den gesunden Appetit verderben.

Der Strudel mit viel Zimt und Äpfeln von der eigenen Streuobstwiese war mir ausnahmsweise perfekt gelungen und verströmte eine Wolke an verführerischen Düften, denen niemand widerstehen konnte bis auf Kater Boris, der unter der Hängematte kauerte und unserem fleischlosen Gelage sichtlich enttäuscht zusah.

Eine Zeit lang aßen wir schweigend vor uns hin, dann, mehrfach gesättigt, wandten wir uns weniger komplexen Gesprächsthemen zu. Kindererziehung und Klimaerwärmung, Willkommenskultur und Weltwirtschaftslage.

»Es ist ein Jammer«, lautete die einhellige Meinung, was irgendwie auch stimmte. Nichts wurde leichter mit den Jahren, auch ich nicht.

»Und dann erst die Energiekosten. Ein Wahnsinn ist das. Bald werden wir Blindenschrift lernen müssen, weil wir uns die Leselampe nicht mehr leisten können.«

Holger neigte ein wenig zu dramatischen Übertreibungen, wahrscheinlich eine Berufskrankheit. Er war Werbetexter. Zum Glück für meine Mitmenschen vermischte ich als Krimiautorin Beruf und Privatleben nie.

Jedenfalls diskutierten wir anstelle eines Verdauungsschläfchens gangbare Alternativen zur Energiekrise. Etwa Windräder, Photovoltaikanlagen, Wärmepumpen und den Wechsel des Stromanbieters, was in Österreich schon zum Volkssport geworden war.

Irgendwann meinte Irma dann: »Gegen alles ist ein Kraut gewachsen, nur nicht gegen die Strompreismisere.«

Und da fiel es mir ein.

»Erbsen!«, erklärte ich der staunenden Runde. »Mit Erbsen lässt sich Strom erzeugen. Also hört mal zu.«

Jetzt war ich wieder in meinem Element. Die erstaunlichen Fähigkeiten der Pflanzen.

»Vor etwa hundert Jahren, in der Hochblüte der kuriosen botanischen Experimente, hat ein Inder namens Chandra Bose entdeckt, dass galvanisierte und halbierte grüne Erbsen einen Stromschlag von circa 0,5 Volt erleiden, wenn man sie kocht. Würde man demzufolge fünfhundert grüne Erbsen halbieren, galvanisieren und hintereinanderschalten, könnte man angeblich ausreichend Strom erzeugen, um einen Menschen zu töten. Und mit fünfzigtausend halbierten kleinen grünen Erbsen bestimmt schon einen Kuchen backen.«

»Was es nicht alles gibt«, meinte Franz und bekam einen Lachanfall, der so ansteckend war, dass wir alle losbrüllten.

Erst gegen Abend, als die Schwalben schon ihre Nester bezogen und die Nachtkerzen die Blüten öffneten, verabschiedeten die Borkenfelds sich.

»Was für ein schöner Tag.«

Ich mochte es, Gäste zu haben, zu lachen und zu reden und dabei nicht hungrig vom Tisch aufzustehen. »Die zwei sind wirklich total nett.«

Mein Mann nickte zustimmend, während er half, das Geschirr abzutragen und in die Spülmaschine zu schichten. Das Einräumen des Geschirrspülers zählte zu seinen Kernkompetenzen im Haushalt, denn nur ihm gelang es, ein halbes Haushaltswarengeschäft bruchfrei darin zu verstauen. Nach nicht einmal einer halben Stunde war die allgemeine Ordnung wiederhergestellt.

»Lass uns noch ein wenig in den Garten gehen, die Nacht ist lau, der Mond fast voll, die Grillen zirpen, vielleicht sehen wir Glühwürmchen«, schlug ich vor. Für etwas Romantik war man schließlich nie zu alt.

»Gute Idee.«

Mein Liebster füllte zwei Gläser mit Grauburgunder, klemmte sich eine Kerze unter den Arm und folgte mir nach draußen.

Eine Zeit lang saßen wir eng aneinandergekuschelt auf dem Sofa und sahen den Sternen beim Leuchten zu.

»Hach«, seufzte ich.

»Ach«, seufzte er.

Dann schwiegen wir wieder, vereint in trauter Zweisamkeit. Auf einmal leuchtete am Firmament eine Sternschnuppe auf.

»Schnell, wünsch dir was!«

Franz zog mich noch enger an sich. Ich roch sein dezentes Rasierwasser, spürte das sanfte Kratzen seines Barts an meiner Wange, gab mich allen möglichen Sehnsüchten hin, als er mir zärtlich ins Ohr hauchte: »So ein Stück Schweinebraten nach dem ganzen Gemüse wäre jetzt echt ein Traum.«

Meine größten Gartenpannen 3
oder
Kopfüber, kopfunter? Die Gretchenfrage der Zwiebelpflanzen

Ich geb's ja zu – mit einem grünen Daumen bin ich nicht auf die Welt gekommen, eher mit einer roten Nase, weil ich die viel zu früh schon in viel zu viele Dinge gesteckt habe, die mich nichts angingen. Kein Wunder, dass ich schon bald eine gewisse Affinität zur organisierten literarischen Kriminalität entwickelt habe. Abgesehen von der Weinsensorik gab es ja kaum eine andere Branche, wo das Schnüffeln in fremden Angelegenheiten unabdingbare Voraussetzung für den beruflichen Erfolg war.

Ich hatte bestimmt schon ein gutes Dutzend Todesfälle auf meinem schriftstellerischen Gewissen, als ich die Vorteile von Giftmorden mittels Pflanzengift erkannte. Die Tatwaffe war leicht zu beschaffen, eine nachwachsende Ressource, ökologisch abbaubar, umweltschonend, hinterließ kaum sichtbare Spuren, funktionierte ohne Blutflecken auf dem Teppichboden und erforderte keinerlei Muskelkraft. Und weil man dabei weder Fingerabdrücke noch Fußspuren hinterließ – schließlich war man zum Zeitpunkt des Todes nicht vor Ort –, gestaltete sich die Spurensuche bei Todesfällen durch toxische Substanzen für die Ermittler besonders schwierig. Als Täter hingegen brauchte man profunde Kenntnisse aller infrage kommenden Pflanzen, um sich bei

Aufbereitung und Dosierung nicht zu vertun. »Stirb durch die Blume« war nicht so einfach, wie man generell annahm.

Doch schon bald hatte ich botanisches Blut geleckt und Hunderte Bücher über Wirkungen und Nebenwirkungen pflanzlicher Stoffe in der Geschichte der Menschheit angeschafft. Laufmeterweise graue Theorie erfreute allerdings nur den Geist und nicht das Auge. Also entstand bald darauf der Wunsch, sich einen eigenen Garten anzulegen. Mit all den toxischen Totschlägern, die ich so liebte.

An Grund und Boden mangelte es mir auch nicht, nur an der Erfahrung, doch ganz nach dem Motto »Selbst ist die Frau« begann ich mein gärtnerisches Werk.

Ich rammte den Spaten gefühlt Zehntausende Mal in die Erde, um den Boden zu lockern, Dung einzuarbeiten, Wurzeln zu kappen (okay, das machte größtenteils der Mann, denn Motorsägen nahm ich nur ungern in die Hand) und die steinigen Reste prähistorischer Bauten zu entfernen. Bestimmt hatte unser Hof über Jahrhunderte als Bauschuttdeponie gedient. Sogar verrottete Klobrillen fanden sich im Untergrund der hoffentlich fruchtbaren Scholle, vom Rest war beruhigenderweise nichts mehr zu sehen oder gar zu riechen.

Nachdem das Gröbste erledigt war, legte ich voller Vorfreude die ersten drei Beete an. Und als der Wettergott mir gnädig schien, kamen die Pflanzen rein. Liebevoll vorgezogen in meinem Schlafzimmer, was eindeutig besser funktioniert hatte als das Jahre später professionell organisierte Mistbeetdesaster. Neben meinem Bett gab es halt weder Ameisenkolonien noch kleinräumige Gewitterzellen. Aber egal. Mit Dufttabak, Ginster oder Taumellolch gab es kaum Probleme. Ich stopfte den Samen in die Erde, verfiel, kaum ließen sich die ersten Keimblätter blicken, in eine Art Gluckenmodus und umsorgte die kleinen Pflänzchen bis zu ihrem Umzug in den Garten mit maximaler Fürsorge. Und die Gewächse dankten es mir, indem sie wunschgemäß Wurzeln schlugen und stramm in die Höhe wuchsen.

Schwieriger wurde es mit den Zwiebelpflanzen und Bohnen. Narzissen, Herbstzeitlose, Kaiserkronen, Frühlingsknotenblumen und Teufelszungen wurden nicht gesät, sie erwuchsen aus einer Knolle. Nur stand niemals drauf, wo bei diesen Dingern oben oder unten war. Das spitze Ende also Richtung Erdoberfläche oder andersrum, das war hier die Frage, eine eher platonische Frage, denn vor anderen meine absolute Ahnungslosigkeit eingestehen, wollte ich natürlich nicht.

Also stopfte ich die Zwiebeln irgendwie in die Erde und hoffte auf eine gewisse Situationselastizität der Pflanzen. Bei etwa einem Drittel funktionierte es sogar.

Die spürbarsten Folgen meiner gärtnerischen Ignoranz stellten sich bei den Bohnen ein. Hier lag zwischen Theorie und Praxis der unendliche Ozean der Unwissenheit. Ganz nach Vorschrift ließ ich die kleinen, verschrumpelten Sämlinge vorquellen, um sie dann fünf Zentimeter tief in beste Humuserde zu drücken – ein Kinderspiel, konnte jeder –, schon fiel die Bohne spürbar in meiner Achtung. Doch knapp eine Woche später lagen die getrockneten Hülsenfrüchte wieder gut sichtbar oben auf der Erde.

»Verdammte Katzen!«, fluchte ich und las den beiden Schrumpftigern die Leviten. Warum mussten sie ständig in der Erde wühlen! Ein neu angelegtes Beet war doch keine Spielwiese. Vorsichtig drückte ich die Bohnen wieder in den unterirdischen Bereich. Vier Tage später waren sie erneut obenauf – und ich verhalf ihnen ein weiteres Mal zu einer unterirdischen Existenz. Das ging zwei Wochen so, bis ich erkannte, dass Bohnen mit dem Kopf voran gediehen. Die Keimblätter kamen erst später.

Nun versetzen Sie sich mal in die Lage dieser bedauernswerten Gewächse; kaum haben Sie sich aus eigener Kraft ans Licht der Welt gezwängt, drängte Sie jemand mit harter Hand in den Geburtskanal zurück. Immer und immer wieder.

Die Bohnen wollten raus, ich drückte sie rein. Eine für Hülsenfrüchte hochtraumatische Erfahrung, die sie mir niemals vergeben würden. Das schlechte Verhältnis zu meinen Bohnen hatte bestimmt genau damals seinen Anfang genommen.

Die Promille-Profis
oder
Berauschende Aussichten

Seit Stunden ergoss sich das im Fernsehen von führenden Meteorologen falsch prognostizierte stabile Hochdruckgebiet literweise über unseren Hof. Der österreichische Schriftsteller Robert Musil hätte das jetzt in literarischer Perfektion als barometrisches Minimum über Teilen Ex-Pannoniens beschrieben, mir als banaler Krimiautorin kamen beim Anblick der flächigen Feuchtbiotope auf den Beeten eher mörderische Gedanken. Oder, um es wenigstens etwas poetischer zu formulieren, ich hielt es ganz mit Grillparzer: »Böses Wetter, böses Wetter! Es entladen sich die Götter, reinigen ihr Wolkenhaus, und die Menschen badens aus.«

Ich zum Beispiel. Allein das hämmernde Prasseln der dicken Tropfen auf den Dachfenstern fühlte sich an wie der reinste Psychoterror. Im Vergleich zu dieser Lärmkulisse fiel ein tropfender Wasserhahn unter Sphärenklänge. Dazu das ewig gleiche Dilemma mit Kater Boris, der sich einem ungeschriebenen Gesetz seines Jagdverhaltens zufolge immer dann am entferntesten Mauseloch seines Reviers aufhielt, wenn es zu regnen begann, wodurch er gezwungen wurde, im Katzengalopp durchs meterhohe Gras der Streuobstwiese zu hetzen, um so rasch wie möglich ins Haus die Treppe rauf bis auf meinen Schoß zu flüchten. Dort rieb er sich das pitschnasse Fell genüsslich an meiner Oberkleidung trocken, während er sich die schlammverkrusteten Pfoten mit einigen gezielten Milchtritten an mir abputzte. Erst wenn er sauber und ich dreckig war, legte der Kater sich zufrieden schnurrend auf der Tastatur schlafen.

Ich hingegen zwängte mich gewohnheitsmäßig in die Regenkleidung, zog meine stylishen, sündhaft teuren Gummistiefel einer noblen britischen Manufaktur an, schwarzes superstrapazierfähiges Material, kunstvoll im Roses-and-Skulls-Stil bedruckt, langlebig, atmungsaktiv und extrem rutschfest – im Übrigen das einzige Paar Schuhe, für das ich mehr als das sprichwörtliche Butterbrot ausgegeben hatte, aber Regenstiefel dienten der Arbeitssicherheit, da sollte man nicht sparen –, und begab mich nach draußen, um nach etwaigen Katastrophenszenarien Ausschau zu halten. Gerade nach längeren, heftigeren Niederschlägen kam es immer wieder zu spontanen Todesfällen. Heute schien es den wunderbar blühenden Stundeneibisch getroffen zu haben. Ihm stand das Wasser im wahrsten Sinne des Wortes bis zum Hals. Ich konnte nur hoffen, dass ihm nicht sein letztes Stündlein geschlagen hatte. In vorauseilender Besorgnis stapfte ich weiter, um mich mit eigenen Augen – und notfalls auch Händen – vom Zustand jeder einzelnen Pflanze zu überzeugen. Meter um Meter, Beet um Beet, Blüte um Blüte ging ich rund um den Garten. Einmal linksrum, einmal rechtsrum, denn doppelt hielt bekanntlich besser, und erfahrungsgemäß ließ sich nicht jeder Schaden auf den ersten Blick erkennen.

Welcher Gartenbesitzer kannte dieses Verhalten nicht. Statt im Frühtau zu Berge zu ziehen, zogen wir im Frühtau in die Beete. Jeden Tag und bei jedem Wetter, mit Gummistiefeln oder Flipflops, Sonnenmilch oder Regenjacke. Im Unterschied zu lustig trällernden Wandersleuten allerdings stets mit geneigtem Haupt und auf Zehenspitzen, denn mit hocherhobenem Kopf würde man die verhassten Schleimer nicht bemerken, die unseren liebevoll aufgezogenen Pflänzchen an die Blätter gingen, während man bei forschen Schritten riskierte, einen zarten Keimling zu zertreten.

Böse Zungen würden angesichts dieser frühmorgendlichen Patrouillengänge vielleicht von Kontrollzwängen sprechen, aber das traf die Sache nicht ganz. Es war vielmehr so, dass jedes Gewächs, das man eigenhändig aufgezogen und eingesetzt hatte, nicht nur in die Höhe wuchs, sondern einem auch ans Herz. Man fühlte sich verantwortlich für dessen Wohlergehen, entwickelte Muttergefühle und zerfloss förmlich vor Sorge, wenn ein Gewittersturm aufzog oder eine Wühlmaus ihr Unwesen trieb. Deshalb musste man mehrmals am Tag Nachschau halten, ob bei seinen Zöglingen auch alles in Ordnung war. Mütter wissen, wovon ich spreche. Die Furcht vor dem plötzlichen Kindstod trieb einen unentwegt zur Wiege, die Furcht vor einem plötzlichen Setzlingstod ständig in den Garten.

•

Solange die Pflänzchen noch klein und hilflos waren, mühte man sich rund um die Uhr ab, damit es ihnen an nichts mangelte. Hatten sie sich dann zu strammen, kräftigen Geschöpfen entwickelt, folgte die Phase der sozialen Euphorie, in der man seinen Nachwuchs voller Stolz der Öffentlichkeit präsentieren musste. Jeden Besucher zerrte man erbarmungslos zu den prächtigen schwarzen Stockrosen, dem seltenen Gottesgnadenkraut und der schmackhaften Melonenbirne, wo er sich minutenlange Lobgesänge auf den fabelhaften Werdegang der eigenhändig gezogenen Sprösslinge anhören musste.

Freunde hingegen, denen es nicht möglich war, sich vor Ort vom stattlichen Wuchs der botanischen Wunderkinder zu überzeugen, wurden dank Social Media mit endlosen

Porträtaufnahmen der Zuchterfolge zwangsbeglückt. Ich machte da keine Ausnahme.

Erst kürzlich hatte ich drei Dutzend Fotos meiner Sodomsäpfel auf Facebook und Instagram gepostet. Als Samenkorn, im Anzuchttopf, mit dem ersten winzigen Trieb, nach dem Umzug an die frische Luft, im Alter von drei, vier, fünf usw. Wochen bis hin zur filigranen Blüte. Und wehe, jemandem war der Anblick dieser bewundernswerten Gewächse nicht wenigstens ein »Like« wert. Herzchen und Wows sah ich natürlich lieber, das gab zusätzliche Sympathiepunkte.

War der botanische Nachwuchs dann endlich erwachsen geworden, musste man ihn meist mit sanfter Gewalt zum Auszug aus dem Familienverband bewegen, da der Platz nicht für alle reichte.

Die Reaktionen auf diese unfreiwilligen Entwurzelungen fielen recht unterschiedlich aus. Irgendwie schienen unsere grünen Mitbewohner auch diesbezüglich ein wenig zu menscheln. Bilsenkraut, Borretsch und die banale Salatgurke etwa litten ziemlich unter einem Ortswechsel. Ihnen gelang es kaum, sich mit den neuen Umständen zu arrangieren, sie schmollten wochenlang und gingen vor lauter Heimweh fast ein.

Rittersporn, Immenblatt und Tomaten hingegen verspürten keinerlei Trennungsschmerz und machten es sich im neuen Beet gleich gemütlich, während die Rosen auch in dieser Hinsicht erst mal aus Prinzip auf ihrer angestammten Stellung beharrten. Wollte man ein gut eingewachsenes Exemplar dennoch an einen besseren Ort verpflanzen, erforderte das mehr Zeit, Aufwand, Expertise und Fingerspitzengefühl als eine Herztransplantation. Zumindest mir war es so vorgekommen, als ich im Zuge meiner ersten gärtnerischen Gestaltungsversuche eine ältere Edelrose von hier nach dort siedeln musste, weil sie durch einen rapide gewachsenen Blutpflaumenbaum nur noch ein Schattendasein führte.

Das war vielleicht ein Knochenjob gewesen. Zuerst einen riesigen Graben um das dornige Gewächs ausheben, danach Triebe einkürzen, verwelkte Blüten entfernen, Rose vorsichtig aus dem Erdreich hieven, ohne die empfindsamen Wurzelstränge zu verletzen, Ballen beschneiden, wässern, neuen Krater graben, für ordentlich Humus sorgen und idealerweise die alte Erde mit an den neuen Standort verfrachten, damit Miss Etepetete die Eingewöhnung leichter fiel. Doch obwohl der Umzug samt altem Mobiliar eine signifikante Verbesserung ihrer Lebensumstände bedeutet hatte, dankte die Rose es mir, indem sie fast ein Jahr lang nicht blühte. Im Nachhinein betrachtet wäre es einfacher gewesen, den Obstbaum zu verpflanzen. Edelrosen waren wirklich verwöhnte Geschöpfe, zickig, undankbar, anspruchsvoll und selbstverliebt, da hatten die anderen Pflanzen schon recht. Sie brauchten mehr Zuwendung als jede Hauskatze. Wenn man sie nicht ordentlich mit Hornspänen, Rinderdung und ausreichend Wassergaben versorgte und sich dabei noch diensteifrig die Arme blutig kratzen ließ, setzten sie keine Blüten an, sondern Blattläuse. Kletterrosen, Kartoffel- oder Hundsrosen, also die wildwüchsige Verwandtschaft, führten sich längst nicht so auf, die waren sogar von klein an recht selbstständig und machten kaum Probleme. Dennoch galten sie bestenfalls als nette Vorgruppe, bis die echten Stars die botanische Bühne betraten.

Und wer war schuld daran? Wir Menschen. Wir hatten die Rose zu dem gemacht, was sie heute war. Ohne Rücksicht auf die Gefühle und Leistungen aller anderen Pflanzen und ohne deren jahrtausendealten Privilegien je zu hinterfragen.

Dabei wäre es gerade bei diesem Gewächs durchaus angebracht, weniger von Bildung als von Einbildung zu reden. Im Alten Testament bereits in den Himmel gelobt, vom Dichterfürsten Goethe als das Vollkommenste der deutschen Natur gepriesen, hat sich die Rose im Laufe der Zeit den halben Kunst- und Kulturbetrieb – und Hortikultur war schließlich auch eine Form davon – unter die Dornen gerissen. Kein Garten, den diese hochgezüchteten Wesen nicht in den floralen Adelsstand erhoben hatten und seinen Besitzer gleich mit dazu. Mit Rosen konnte man eben prächtig prahlen und sich gleichzeitig als botanischer Connaisseur hervortun.

»Ich muss Ihnen jetzt aber unbedingt meine Princesse Astrid de Belgique vorstellen. Königlich-elegante Blüten, nobler Duft, wurde 2018 im Palast der belgischen Königsfamilie in Brüssel getauft«, hieß es dann mit stolzgeschwellter Brust. Oder: »Wissen Sie, der unwiderstehliche Duft meiner Country Parson besticht durch Anklänge an Aprikosen, grünen Apfel und Honig …«

Es war wie beim Wein; der durfte auch schon lange nicht mehr nach Trauben schmecken.

Und jetzt stellen Sie sich dieselbe Szenerie nochmals vor, allerdings mit einer ähnlich pathetischen Präsentation vom Storchschnabel Hannelore oder vom Ziersalbei Marcus? Eher blamabel, oder? Neben einer rosigen Astrid Gräfin von Hardenberg wirkten Blühpflanzen jeglicher Art ziemlich proletenhaft. Dabei würde ich mit vollster Überzeugung behaupten, dass Duftwicken, Passionsblumen oder Indische Stechäpfel um vieles attraktiver waren und auch besser rochen als die meisten Edelrosen, was mich aber nicht davon abhielt, selbst ein gutes Dutzend Stöcke zu pflanzen, noch dazu an ausgewählten Bestlagen. Weil man das halt immer schon so gemacht hat, wenn man einen Garten haben wollte, der diesen Namen auch verdiente.

Mittlerweile genierte ich mich für diese Einstellung. Was das betraf, war ich trotz meiner imposanten Giftpflanzensammlung eine mickrige Mitläuferin im Mainstream geblieben. Erst diese schreckliche Horrornacht hatte mich dazu gebracht, die Dinge auch mal aus pflanzlicher Sicht zu betrachten. Während der unvermeidlichen Wartungsarbeiten von Beeten, Blumeninseln oder Balkonbepflanzungen blieb einem ja jede Menge Zeit für Gedankenexperimente. Jäten, graben und grübeln, dabei ging ordentlich was weiter im Geist und im Garten. Nachdem ich ein paar schweißtreibende Stunden lang zwischen den Sommerblumenrabatten herumgekrochen war, um Hunderte Buchweizenkeimlinge zu entwurzeln, machte mein Körper zwar schlapp, dafür erging sich mein Kopf in philosophischen Überlegungen.

»Handle so, als ob die Maxime deiner Handlung durch deinen Willen zum allgemeinen Naturgesetze werden sollte«, hat Immanuel Kant bekanntlich den Prüfstein für moralisches Handeln formuliert. Und seitdem befolgten wir Hobbygärtner und Gartengestalter unbewusst diesen kategorischen Imperativ, mit dem Ergebnis, dass unser Wille zur Bevorzugung der Rose zum allgemeinen Gesetz der Hortikultur geworden war, obwohl die meisten von uns gar nie den ganzen Kant gelesen hatten. Ich zumindest nicht und auch niemand, den ich näher kannte. Viel zu viel Gehirnakrobatik, da riskierte man als durchschnittlich intelligentes Wesen rasch einen Gedankenkurzschluss, egal, wie vernunftbegabt man war. Außer, man hatte es mit Buchweizenkeimlingen zu tun, einem Möchtegerngetreide, das sich schlimmer vermehrte als Motten im Mehl. In der Zeit, die man benötigte, um diesem wucherfreudigen Relikt der Vogelfuttermischung den Garaus zu machen, konnte man locker eine Fremdsprache lernen, zur meditativen Erleuchtung gelangen oder eben über aufklärerische deutsche Philosophen und deren Bedeutsamkeit für den Gartenbau nachdenken.

In Anbetracht der aufkeimenden revolutionären Umtriebe in meinem grünen Reich gelobte ich jedenfalls, der Rose fortan keinerlei Sonderrechte mehr zuzugestehen. Sie würde nur noch eine unter vielen, nicht mehr die Erste von allen sein. Alles Weitere müssten die Pflanzen untereinander ausmachen. Einen Fortbestand der Erbmonarchie schloss ich aus, der neue Souverän würde anhand seiner Fähigkeiten gemessen werden. Ging ja nicht anders, wenn man den Herrscherthron nicht wie bisher per Geburtsrecht unter die Wurzeln geschoben bekam. Eine demokratische Präsidentenwahl mit mehreren Kandidaten, Wahlkampfstrategien und dergleichen mehr traute ich dem Grünzeug schließlich auch nicht zu. Dafür waren sie dann doch etwas zu bodenständig, selbst wenn einige Emporkömmlinge zu Intrigen, Schmutzkübelkampagnen, Futterneid, Machthunger, großer Klappe und leeren Versprechungen tendierten. Kannten wir ja von der Bohne. Wenn sie könnte, wie sie wollte, würde sie bestimmt auch Parteispenden lukrieren oder Schmiergelder verteilen, da war ich mir sicher.

Auch beim heutigen Kontrollgang, zu dem mich die Furcht vor eventuellen Opfern der ungewohnt heftigen Regenfälle zwang, ließ das saubere Hülsenfrüchtchen nichts unversucht, um mich auf seine Seite zu ziehen. Die Sonnenblumen in seiner Nähe hatte es mit den lianenartigen Trieben bereits umgarnt, über Nacht erneut ein Stück Dachrinne erklommen, und kaum hatte es mich erblickt, streckte es eine besonders kräftige Ranke nach mir aus.

»Fass mich nie wieder an, sonst mach ich Bohnenstroh aus dir!« Mit der Schere, die ich auf meinen Runden stets bei mir trug, kappte ich die übergriffigen Tentakel. »Und lass gefälligst die Sonnenblumen in Ruhe.«

Erschrocken flogen zwei Amseln auf. Ich hatte mich wohl weniger im Ton als in der Lautstärke vergriffen. Zum Glück gab es außer ihnen keine Ohrenzeugen. Dass die erneut zurechtgestutzte Bohne mit ihren Blättern rauschte, was wie »Verpiss dich, blöde Kuh!« klang, entsprang bestimmt nur meiner blühenden Fantasie. Wer sein Brot mit bösen Blumen und kriminellen Gestalten verdiente, wurde mit der Zeit wohl etwas sonderlich.

Langsam schlurfte ich weiter. Wenigstens hatte der Regen endlich nachgelassen, und unter den Pflanzen gab es kaum Wasserleichen zu beklagen. Im leicht gefluteten Hochbeet hinter dem Haus erblickte ich sogar ein schmuckes Neugeborenes. Die Färberdistel war endlich gekeimt. Disteln zählten ja zu meinen Lieblingsgewächsen, vielleicht aufgrund der charakterlichen Ähnlichkeit, aber sie verhielten sich recht zögerlich, was die Keimung betraf. Umso größer war meine Freude, dass meine wochenlangen Geburtshilfebemühungen endlich zu neuem Leben geführt hatten.

Gerade als Schreibtischtäterin genoss ich diese Momente, wenn sich bereits nach relativ kurzer Zeit ein greifbares Ergebnis meiner Aktivitäten zeigte. Beim Schreiben von Büchern verlief der Großteil der Arbeit ja im unsichtbaren Bereich. Ein halbes Jahr lang ging man mit seinem Werk im Geiste schwanger, weitere sechs Monate mühte man sich ab, das Kopfkino in verständlichen Sätzen auf Papier zu bringen, und danach dauerte es oft noch ein Jahr, bis man das fertige Buch in Händen hielt. Im Garten hingegen bekam man die Resultate seiner Arbeit weitaus schneller zu Gesicht. Dafür waren sie leider vergänglicher. Ein Buch konnte Jahrhunderte in einem Schrank verstauben, und wenn es nicht gerade dem Hunger der Papierfischchen oder einem Hausbrand zum Opfer fiel, änderte das nichts an seiner Lesbarkeit. Eine Pflanze konnte das nur in Ausnahmefällen.

Der Anblick der kleinen Distelchen hatte mir jedenfalls die üblichen euphorischen Zustände beschert, die anhielten, bis ich zu Prinzessin Alexandra von Kent kam, einer englischen Strauchrose vom Rosenzuchtguru David Austin. Dort schlug die Euphorie in Hysterie um.

»Franz. Fraanz. Fraaaanz?!«

Bestimmt war mein Mann längst wach und hobelte in der Werkstatt konzentriert vor sich hin. Und bestimmt hörte er wegen seiner üblichen Klangkulisse aus klassischer Musik mein Rufen nicht. Außerdem lagen zwanzig Meter, zwei dicke Mauern und etliche sorgsam aufgestapelte Festmeter Holz zwischen mir und seinem Arbeitsplatz.

Ich rannte ihm fast die Tür ein.

»Wo ist der Fuchsschwanz? Der mit dem roten Griff? Schnell, bevor ein Unglück passiert!«

Vorsichtig stellte Franz den Topf mit dem Knochenleim auf die Werkbank.

»Du meinst die Handsäge?«

»Natürlich meine ich die Handsäge. Oder kennst du ein Niederwild mit rotem Haltegriff?«

»Was willst du mit einer Säge?« Er warf einen Blick nach draußen. »Es regnet ja.«

»Ich muss ein Unglück verhindern. Sagte ich doch. Und weder ich noch die Säge sind aus Zucker.«

Meistens liebte ich meinen Mann für seine Gabe, mitten im Sturm die Ruhe zu bewahren. Meistens.

Franz machte immer noch keine Anstalten, mir das Ding auszuhändigen, das sich irgendwo in seiner Werkstatt befinden musste, aber auf seiner Stirn waren ein paar Schweißtropfen erschienen. Angstschweiß vermutlich. Nur weil ich vor einiger Zeit im Zuge meiner »Ich schneid jetzt die Forsythien um«-Aktion versehentlich ein Dutzend junger Eschen mit gefällt hatte. Na ja, fast versehentlich. Von Bäumen verstand ich einfach zu wenig, von Hecken allerdings auch. Das zeigte sich einige Monate später, als die insektenunfreundlichen Sträucher wieder auf ursprüngliche Größe angewachsen waren, während die Laubbäume sich nie wieder von meinem Schnittmassaker erholten.

»Was hast du vor?« Er wischte sich den Schweiß von der Stirn.

»Einen Mord verhindern.«

»Ich komme mit.«

»Nicht ohne die Säge.«

Manchmal hatte ich den Eindruck, Franz würde eher einen Toten im Gemüsebeet übersehen als eine Kerbe in seinem innig geliebten Holz.

Kurz darauf standen wir vor den Rosen. Er mit Säge, ich mit Magendrücken.

»Ich sehe nichts.«

»Die Rose!«

»Das ist doch Efeu.«

»Eben.« Gestern hatte die Rose hier noch geblüht. »Gib mir die Säge.«

»Ich mach das schon.« Da sich hinter dem vom Efeu überwucherten Strauch ein kleiner Apfelbaum angesiedelt hatte, hatte Franz sichtlich schon mögliche Kollateralschäden abgeschätzt, falls er mir das Schneidewerkzeug überließ.

»Dann mach halt.« Fing ich mir wenigstens keine blutigen Kratzer ein.

Und der Mann machte. Knurrend löste er die behaarten Haftwurzeln des Efeus von den Zweigen der Rose, ein nicht ganz schmerzfreies Unterfangen, denn dabei wurde er nicht nur von den Dornen gepiesackt, sondern auch von etlichen Stechmücken, dem fliegenden Pendant der Nacktschnecken. Beide traten sie in Scharen auf, nervten fürchterlich, hatten inakzeptable Nahrungsgewohnheiten und viel zu wenige natürliche Feinde. Außer mir. In unserem Garten war ich bestimmt ihr größter Gegner, doch momentan befand sich mein Mann in einer für Moskitos sehr vorteilhaften und für ihn sehr nachteiligen Position. Eingezwängt zwischen Zaun, Obstbaum, Efeu und Rosenstrauch konnten die kleinen Blutsauger gefahrlos auf ihm landen, da er keine freie Hand zum Zuschlagen hatte, während ich aus Platzgründen nicht nahe genug rankam, um meiner mörderischen Mission nachzukommen.

»Kann ich dir irgendwie helfen?«

»Wie denn?«

»Weiß ich nicht. Dir was Lustiges erzählen. Frischen Kaffee kochen. Oder den Verbandskasten holen.« Seine Arme wiesen bereits blutige Schrammen auf.

Mit zusammengebissenen Zähnen brummte Franz etwas, das unter Umständen »sehr witzig« hätte heißen sollen, sicher war ich mir nicht. Wahrscheinlich traute er sich wegen der Stechmücken kaum, den Mund aufzumachen, damit ihm diese Biester nicht auch noch ans Zahnfleisch gingen. Zumindest beschleunigten die surrenden Beißerchen sein

Arbeitstempo, denn er sägte schneller und schneller, was den Landeanflug der Flugvampire zwar etwas schwieriger gestaltete, die Schweißproduktion jedoch erheblich ankurbelte, wodurch noch mehr der lästigen Insekten angelockt wurden. Aber wenigstens hatte der Regen nun ganz aufgehört, was schon mal recht erfreulich war.

Mit Wasser außerhalb von Seen, Badewannen und Trinkgläsern konnte ich persönlich ja nicht viel anfangen. Ich mochte keinen Regen. Er behandelte einen von oben herab, klammerte sich mit dicken Tropfen an den Brillengläsern fest und sorgte für eine Massenzuwanderung an Nacktschnecken. Natürlich taten die Niederschläge dem Garten gut und ersparten mir das Gießen, doch in letzter Zeit war der erfrischende Schauer immer häufiger zur Sintflut geworden, die ganze Beete in Sumpflandschaften verwandelte und den hitze- und trockenheitsresistenten Gewächsen wenig behagte. Der Klimawandel mit all seinen Konsequenzen machte leider auch vor dem Südburgenland nicht halt.

»Fertig.« Franz unterbrach meine Überlegungen, indem er mir mit leicht vorwurfsvoller Miene seine zerkratzten Unterarme vors Gesicht hielt.

»Jetzt hab ich mir einen frischen Kaffee verdient, oder?«

»Hast du. Und ein zweites Frühstück auch.«

Wenig später saßen wir mehrfach gesättigt auf der Terrasse. Brot und Marmelade aus eigener Produktion, gute Butter aus dem Bioladen, dazu zwei weiche Eier von rundum glücklichen Hühnern und ein extra starker Espresso hatten meinen Mann seinen Rettungseinsatz als Gartenhilfskraft vergessen lassen. Eine Zeit lang schwiegen wir einträchtig nebeneinanderher und betrachteten den Regenbogen, der über uns erschienen war. Aber ich traute der Idylle nicht mehr. Nicht in meinem Garten.

»Weißt du, die Sache mit dem Efeu lässt mir keine Ruhe«, gestand ich mehr mir als ihm ein. »Der hatte es wirklich auf die Rose abgesehen. Ganz vorsätzlich. Bestimmt wollte er sie umbringen.«

Bedächtig – und verdächtig lange – nippte Franz an seinem Kaffee. »Warum sollte er das wollen? Das ist eine Pflanze, die wächst planlos vor sich hin. So wie alle Pflanzen. Liegt in ihrer Natur.«

Manchmal litt mein Mann unter einer ausgeprägten selektiven Vergessenheit. Er schien alles verdrängt zu haben, was ich ihm über meine weltbewegende Erkenntnis des Thronfolgekriegs in meinem Garten erzählt hatte. Dabei wurde das ungute Gefühl immer stärker, dass in meinem blühenden Reich mittlerweile alle Geschöpfe einen ganz präzisen Plan verfolgten. Und zwar weder einen göttlichen noch einen naturgegebenen und schon gar nicht den von mir, sondern einen perfiden, egoistischen, machthungrigen und geltungssüchtigen Plan, der darauf abzielte, sich den Herrscherthron unter die Blätter zu reißen.

»Glaub mir, der Efeu hatte eindeutig böse Absichten, der gehört garantiert zu den Unterstützern der Anti-Rosen-Bewegung. Ich muss dem Schlinger wohl öfter auf die Triebe schauen, bevor wieder was passiert. Schließlich hat er seinen Angriff quasi über Nacht gestartet.«

Versonnen kratzte sich mein Mann an den Unterarmen. Bei Tieren hätte man jetzt von einer Übersprungshandlung gesprochen, bei Franz handelte es sich wohl eher um eine Wortfindungspause, die er benötigte, um seine Zweifel an meiner Theorie so diplomatisch wie möglich zu formulieren.

»Das wird am Regen gelegen haben. Der ganze Niederschlag hat dem Grünzeug halt einen Wachstumsschub verliehen. Und der Efeu war wahrscheinlich schon arg durstig und hat die Gelegenheit genutzt, um sich hemmungslos zu betrinken. Wird ja nie gegossen, oder?«

Natürlich wässerte ich den Efeu nicht. Tat wohl niemand. Dieser Fassaden- und Baumkletterer konnte bis zu fünfhundert Jahre alt werden, ganz ohne menschliches Zutun. Allerdings wuchs er dafür recht langsam, sonst hätte er schon ganze Erdteile überwuchert.

»Das hat nichts mit dem Wetter zu tun!«, hielt ich dagegen. »Außerdem halte ich diese Baumwürger eher für Alkoholiker. Die alten Götter des Weines, Bacchus, Osiris und Dionysos, trugen ihre Efeukränze ja nicht ohne Grund. Einigen der doch recht toxischen Inhaltsstoffe der Pflanze sagte man nämlich nach, die berauschende Wirkung des Weins zu mildern und den Kater am nächsten Tag erträglicher zu machen. Hat natürlich kaum funktioniert.«

Die alten Griechen und Römer waren einem guten Schluck ja selten abgeneigt, und mit dem Anstieg des Promillespiegels sank die allgemeine Hemmschwelle. Im Jahre 184 v. Chr. kam es angeblich zu Ausschreitungen randalierender Massen, die zuvor ausgiebig auf den Gott der Trunkenheit, Dionysos, angestoßen hatten. In Ermangelung an Autos, Fußballstadien und gläsernen Schaufensterscheiben konnte der alkoholisierte Mob allerdings keinen allzu großen Schaden anrichten. Nicht so wie heute. Aquädukte brannten schlecht, Feuerzeuge gab es noch keine, und das Gedränge auf den Straßen hielt sich auch in überschaubaren Grenzen.

»Interessant«, murmelte mein Mann. Solange der Kaffee nicht kalt war oder der Leim kochte, würde er mir weiterhin mit einem halben Ohr zuhören.

»Finde ich auch. Hieronymus Bock, ein legendärer Pflanzenfachmann aus dem Mittelalter, hat selbst daran geglaubt und den Menschen sogar explizit empfohlen, fünf oder sechs Körner vom Efeu zu essen, um nicht trunken zu werden. Dabei sind die Beeren durchaus giftig. Man kriegt eher Durchfall davon als einen klaren Kopf. Und das schon bei zwei, drei Beeren.« Wobei die Römer auch Petersilie für ein probates Mittel gegen Trunkenheit hielten, sofern man sie um den Hals trug. Hat vermutlich ebenso wenig gewirkt, aber zumindest auch weniger geschadet.

Allerdings gab es auch eine genau gegenteilige Meinung, die auf der Annahme beruhte, dass der Genuss des immergrünen Gehölzes Rauschzustände nicht unterdrücken, sondern erst hervorrufen würde. So stellte etwa der römische Autor Publilius Syrus vor ewigen Zeiten schon fest, dass Wein, der sich gut verkaufte, keinen Efeu als Aufputschmittel brauchte *(Vino vendibili suspensa hedera nihil opus)*. Offensichtlich war es üblich gewesen, billigen Traubenfusel damit zu versetzen, da Efeuwurzeln auch für ihre psychoaktiven Fähigkeiten bekannt waren. Was nun stimmte und was nicht, darüber ist sich die Wissenschaft jedoch bis heute nicht einig. Und ich hielt es aus Sicherheitsgründen eher mit »studieren, aber nicht probieren«.

Franz stellte seine Kaffeetasse ab und wandte sich unvermittelt mir zu. »Wenn die Wurzeln dieser Fassadentapete wirklich eine ähnliche Wirkung haben wie Wein, könnte man statt Weißburgunder oder Zweigelt in Zukunft doch Efeuwurzeltee trinken, oder? Käme um einiges günstiger.«

Er grinste. Ich nicht. Da ich mehr zur Bestandsreduzierung unseres Weinkellers beitrug als mein Mann, glomm ein Funken schlechten Gewissens in mir auf, doch der erlosch gleich wieder, als mir gleichzeitig einfiel, dass er wiederum für die ständige Schrumpfung des Kühlschrankinhalts verantwortlich war.

»Halte ich für keine gute Idee. Die Nebenwirkungen dieser ganzen Mittel übertreffen die erhofften Wirkungen bei Weitem. Ich möchte gar nicht wissen, wie viele Leute sich durch gepanschten Wein oder getürktes Bier schwerste gesundheitliche Schäden zugezogen haben.«

Früher waren die Winzer und Braumeister bei der Auswahl von Methoden und Zutaten ja nicht sehr wählerisch gewesen und hatten so ziemlich alles ins Weinfass oder in den Sudbottich geworfen, was auch nur Spurenelemente von psychedelischen Substanzen oder anregenden Farbstoffen enthielt.

War das Bier zu wässrig und zu schwach, gab man Fliegenpilze, Taumellolch, Ginster, Sumpfporst oder Bilsenkraut dazu, was die Stimmung zuverlässig bis in Richtung Hirntod hob, dem Wirt jedoch gute Gewinne bescherte, vor allem, wenn er zur berüchtigten Hexenpflanze griff. Bilsenkraut besaß nämlich die für einen Säufer sehr unangenehme Nebenwirkung, die Schleimhäute auszutrocknen, weshalb man immer noch mehr trinken musste, um seinen ständig wachsenden Durst zu stillen. Ein Teufelskreis, der oft in der Hölle endete. Ibn Fadlan, ein Abgesandter des Kalifen von Bagdad, beschrieb diese exzessiven Bierorgien vor über tausend Jahren folgendermaßen: »Sie trinken dieses Bier Tag und Nacht bis zum Verblöden; oft geschieht es, daß einer stirbt, den Becher in der Hand.« Na Prost …

Erst das bayrische Reinheitsgebot 1516 beendete diese Giftmischereien und dadurch auch die Brauereikarriere des Bilsenkrauts, der seinerzeit beliebtesten Bierwürze Europas. Sogar die Stadt Pilsen soll ihren Namen diesem beliebten Zusatz verdanken.

Den Weinliebhabern erging es kaum besser. Hatte der Rebsaft eine blässliche Farbe, besserte man mit Kermesbeeren nach, während süßer Honig vom toxischen Pontischen

Rhododendron nicht nur die seinerzeit ausgeprägte Säure kaschierte, sondern auch für euphorische und erotisierende Zustände sorgte, nach denen man oft genug ins Gras oder zumindest ein Krankenbettlaken biss.

»Also, wie du siehst, manchmal ist Grünzeug alles andere als gesund. Wenn ich die Wahl hätte, würde ich nach einem weinseligen Abend lieber mit migräneartigen Kopfschmerzen aufwachen als mit Atemproblemen, Lähmungserscheinungen und Horrorvisionen.«

»Wenn ich die Wahl hätte, würde ich Wasser trinken.« Mein Mann konnte manchmal furchtbar pragmatisch sein.

»Hättest du seinerzeit Wasser getrunken, hättest du vor lauter Bakterien auch dein Leben riskiert. Aus diesem Grund haben ja alle Alkohol konsumiert, vom Kleinkind bis zum Urgroßvater. Oft war das die einzige Möglichkeit, an weniger verseuchte Getränke zu kommen. Muss eine furchtbare Zeit gewesen sein.«

»Früher war halt auch nicht alles besser.« Franz schien seine morgendliche Aufmerksamkeitsspanne erschöpft zu haben, denn er war mittlerweile damit beschäftigt, aus den Brotkrümeln geometrische Formen zu legen. »Außerdem haben wir eigentlich vom Efeu gesprochen. Und dass du ihm – nun ja, ähem – seltsame Aktivitäten und eine Neigung zum Alkoholismus unterstellst, während ich nach wie vor der Ansicht bin, dass die heftigen Niederschläge als Wachstumsbeschleuniger gewirkt haben. Ein ganz natürlicher Vorgang. Oder glaubst du wirklich, Pflanzen würden einen Dry Martini wählen statt erfrischendem Regenwasser?« Mit einer bedächtigen Handbewegung schob er die Krümel wieder sorgfältig zu einem Haufen zusammen, eine Gewohnheit, die mich stets ein wenig irritierte.

»Ich glaube nicht nur, ich weiß es.« Mit einer nahezu triumphalen Geste wischte ich die Brotkrumen vom Tisch. Die

Ameisen würden sich über diese unerwartete Zwischenmahlzeit freuen.

Dann legte ich los und berichtete Franz von den wissenschaftlich anerkannten Versuchen mit Reis, Getreide und Ackerschmalwand, bei denen man die Pflanzen einer vierzehntägigen, heißen Dürreperiode ausgesetzt hatte. Zuvor war die Hälfte der Gewächse mit reichlich Alkohol gegossen worden, während die andere nichts bekommen hatte.

»Und stell dir vor, von den betrunkenen Pflanzen haben fünfundsiebzig Prozent die zweiwöchige Trockenheit bei hochsommerlichen Temperaturen überlebt, von den nüchternen weniger als fünf Prozent. Also, was sagst du jetzt? Damit ist wohl eindeutig bewiesen, dass ein ordentlicher Rausch manchmal auch Leben retten kann und so manche Staude durchaus zum Martini greifen würde.«

Mein Mann zuckte die Achseln. Die Getränkevorlieben von Getreide interessierten ihn sichtlich weniger als die daraus resultierenden Konsequenzen für ihn.

»Muss ich die Regenwassertonnen nun durch Bierfässer ersetzen, oder was?« Er wirkte eher besorgt als beeindruckt.

»Nein, musst du nicht. Pflanzen stehen sowieso nur auf harte Tropfen, also hochprozentigen Alkohol. Am besten gleich Ethanol oder dieses selbst gebrannte Teufelswasser von deinem Cousin, das einem beim ersten Schluck schon die Mandeln verätzt.«

Gerhard, der Cousin, brachte uns zu jedem Treffen eine Flasche seines Spezialdestillats mit, das einer Mischung aus Sliwowitz, Abflussreiniger und Fisherman's-Friend-Pastillen glich. Das Zeug konnte man keinesfalls verletzungsfrei trinken, weshalb ich es bislang nur zum Putzen von extrem verschmutzten Fliesen oder zum Enteisen der Windschutzscheibe verwendet hatte. Es gab also noch ausreichend volle

Flaschen, um den halben Garten zu gießen. Zumindest theoretisch, denn praktisch wusste man noch nichts über die Auswirkungen von Alkohol auf den Boden und die Lebewesen dort.

Womöglich torkelten dann haufenweise sturzbesoffene Maulwürfe herum, weil sie sich mit alkoholgeschwängerten Regenwürmern den Bauch vollgeschlagen hatten. Und was geschah eigentlich, wenn die Pflanzen ihre Promilledosis nicht restlos austranken und Rückstände bis ins Grundwasser und von dort ins örtliche Wasserleitungssystem gelangten? Wie erging es den Insekten, wenn sie beduselte Blumen bestäubten? Fanden die überhaupt noch heim in ihren Bau, oder fielen sie kopfüber und völlig flugunfähig ins hohe Gras? Fragen über Fragen, die ich gerade mit meinem Liebsten besprechen wollte, aber der saß gar nicht mehr neben mir. Franz war es wieder mal gelungen, still und heimlich zu entschwinden. Und das bei neunzig Kilo und einer Größe von fast 1,90 Metern, eine im Grunde bemerkenswerte Leistung, die dennoch keinerlei Lob verdiente.

Meine größten Gartenpannen 4
oder
Da passt noch was rein

Raum ist in der kleinsten Hütte, für ein glücklich liebend Paar«, stellte Friedrich Schiller mal in einem seiner quälend langen Gedichte fest. Zwar hatte ich nicht mehr die geringste Ahnung, um welches seiner gereimten Werke es sich dabei handelte oder worum es überhaupt ging – Schiller zählte wie gesagt zu den Streichresultaten meiner literarischen Bildung –, doch dieses geflügelte Wort blieb sogar mir in Erinnerung. Nicht, weil ich in der kleinsten Hütte wohnte, sondern wegen meiner ambitionierten Gartenbauprojekte, die genau nach diesem Prinzip funktionieren sollten. Wer sich gärtnerisch betätigte, kannte das ja.

Mit Blumenbeeten verhielt es sich wie mit Essgeschirr: Erst der Inhalt verlieh ihnen Bedeutsamkeit. Also galt es, Leerstand zu vermeiden, indem man alles geschmackvoll, dekorativ und zusammenpassend befüllte.

Mit Gemüse und ähnlich genießbarem Grünzeug klappte das auch richtig gut.

Hatte man es mit der Menge übertrieben, konnte man den Überschuss entweder zu einem späteren Zeitpunkt verspeisen, an jemand anderen verschenken (die Zwangsbeglückung von Freundeskreis und Nachbarschaft mit selbst gezogenen Zucchini/Gurken/Salatköpfen ist fixer Bestandteil der spätsommerlichen Gartensaison) oder auf den Kompost werfen.

Mit Blumen wurde es schon etwas schwieriger. Ein durchschnittlicher Zweipersonenhaushalt jenseits der fünfzig, wie wir einen führten, verfügte erfahrungsgemäß über mindestens ein Dutzend Blumenvasen, in die sich eine allzu üppig ausgefallene Blütenpracht umsiedeln ließ, was den Wohnräumen zeitweise das Flair einer Aufbahrungshalle verlieh, doch damit konnte ich leben. Die oftmals recht voluminösen floralen Gebinde nahmen jeden Zentimeter Abstellfläche ein, sorgten im Gegenzug aber für äußerst achtsame, nahezu meditative Bewegungsabläufe, wollte man keine Vase zu Boden fegen.

Als weniger praktikabel erwies sich die Option, den viel zu dichten Bewuchs der Beete allein durch Aufessen zu reduzieren. Zwar lagen essbare Blüten voll im Kulinariktrend, meinem Mann allerdings schon nach Tagen schwer im Magen. Franz verwehrte sich vehement dagegen, weiterhin mit Gänseblümchen, Kapuzinerkresse, Taglilien oder Sonnenblumen abgespeist zu werden. Außerdem stellten geköpfte Pflanzen einen so deprimierenden Anblick dar, dass auch mir der Appetit verging.

Schlichtweg unlösbar wurde das Dilemma der botanischen Überpopulation jedoch im Fall von Stauden. Diese meist mehrjährigen Gewächse konnte man weder in die Vase noch in den Kochtopf stopfen, ihr Zweck lag hauptsächlich darin, Bienen, Hummeln, Käfer und die Augen der Gartenbesitzer zu erfreuen. Und Letzteres gelang immer, denn Stauden gab es für jeden Geschmack, jedes Budget und jedes Terrain, egal, ob Schattenlage, Sumpflandschaft, Steinhaufen, Tropenklima oder Lehmboden. Im Unterschied zur oft langwierigen Suche nach Traummann oder Traumhaus fand sich die Traumstaude also recht schnell, ganz ohne dafür Abstriche bei seinen Ansprüchen machen zu müssen. Damit nicht genug, wiesen diese Gewächse einen weiteren Riesenvorteil gegenüber jeder Sommerblume auf: Nach dem Einsetzen bedurften sie kaum weiterer Pflege und kamen dennoch jährlich wieder.

Kurz gesagt: Stauden waren die botanische Wollmilchsau. Als ich zu Beginn meiner gärtnerischen Irrungen und Wirrungen auf diese selbstgenügsamen Geschöpfe gestoßen war, konnte ich mein Anfängerglück kaum fassen. Wozu eine gärtnerische Tour de Force mit ungewissem Ausgang hinlegen, indem ich stundenlang auf Knien Löcher buddelte, um Hunderte Zwiebeln einzusetzen, die dann entweder verfaulten, weil eine Gewitterfront tagelang über meinem Garten verharrte, oder auf dem Mittagstisch von Familie Wühlmaus landeten. Manchmal trieben die unterirdischen Knollen auch erst derart spät aus, dass ich monatelang auf leere Erdschollen starren musste, was ebenso frustrierend war wie der Blick in einen leeren Kühlschrank.

Diverse Anzuchtversuche mit Sämereien erzielten gleichfalls nicht den erhofften Erfolg. Gefühlt neunzig Prozent aller Samen wurden von Ameisen verschleppt, von Vögeln aufgefressen oder vom Unkraut am Wachsen gehindert. Doch dann entdeckte ich die rettenden Stauden, und meine Verzweiflung schlug in Begeisterung um. Pflanze kaufen, einsetzen, gießen, fertig.

Mein erstes eigenhändig angelegtes Staudenbeet rief nahezu orgiastische Gefühle in mir hervor. Alle Probleme mit kahlen Rabatten, ungünstigen Bodenverhältnissen, schmerzenden Bandscheiben und mangelnder Erfahrung hatte ich an einem einzigen Vormittag gelöst. Fingerhut, Rittersporn, Akelei, Mannstreu und Sonnenhut – alles Entertainer der Gartengestaltung – zogen als Erste in meinen Garten ein. Auf sie folgten Christrosen, Tollkirschen, Seidelbast, Weinraute, Wermut, Eisenhut und noch einige mehr. Jeder freie Quadratmeter – und davon hatte ich anfangs natürlich jede Menge – bekam zwei Exemplare zugeteilt, die ich ihren Vorlieben entsprechend mit Hornspänen, Eierschalen, Sägemehl oder Quarzsand verwöhnte. Damit diese Zwangsverehelichungen auch wirklich beide Seiten glücklich machten – schließlich mussten sich nun zwei artfremde Gewächse ein Beet teilen –, hatte ich bei der Auswahl deren Bedürfnisse an Licht- und Bodenverhältnisse besonders berücksichtigt. Da stand etwa der Eisenhut mit einer Herbstanemone zusammen, die Tollkirsche zog beim Seidelbast ein, und der Diptam durfte mit der Osterluzei kuscheln.

Damit war der entscheidende Schritt zum Paradiesgarten getan, ich musste nur noch abwarten, Kaffee trinken und der Natur ihren Lauf lassen.

Leider trödelte diese ziemlich herum. Klar wusste auch ich, dass Gras nicht schneller wuchs, wenn man daran zog, Rom nicht an einem Tag gebaut wurde und Geduld die Kardinaltugend der Gärtner war, doch das änderte wenig an meinem zunehmenden Frust. Selbst unter Berücksichtigung monatelanger Einwurzelungsphasen, gefolgt von posttraumatischen Belastungsstörungen wegen Akklimatisierungsproblemen mit Bodenbeschaffenheit, Regenwurmdichte, Pflanzpartner, Gießwasser und zwei Katern konnte ich mir dieses zögerliche Wuchsverhalten nicht erklären. Im darauffolgenden Jahr zeigte sich zwar eine erste Blüte, aber die Beete wirkten immer noch schrecklich leer und die Stauden ziemlich kleinwüchsig. Wie ein Pizzateller, auf dem zwei Oliven und eine halbe Tomate lagen. Da musste unbedingt noch was rein! Ich wollte ein Blütenmeer, keine Steppenlandschaft. Und da man Pflanzen kaufen konnte, Geduld jedoch nicht, schritt ich entschlossen zu Plan B: noch mehr Stauden. Zu den bereits eingebürgerten setzte ich ebenso viele Neuzugänge, um die großen, bewuchsfreien Stellen in den Rabatten endlich zu stopfen.

Danach verging ein weiteres Jahr, und die Stauden wuchsen endlich wunschgemäß. Zuerst in die Höhe, zwölf Monate später auch in die Breite, und nach drei Jahren hatten sie ihre maximale Größe erreicht und legten nur noch an den Hüften zu. Wie bei uns Menschen: Wären wir niemals ausgewachsen, gäbe es weitaus weniger dicke Exemplare. Ich hielt mich ja selbst eher für untergroß als für übergewichtig. Im Beet wurde es jedenfalls zusehends enger für die Bewohner. Alle stiegen sich gegenseitig auf die Wurzeln, standen sich im Weg herum, drängten sich aneinander und schließlich übereinander, und ich musste einsehen, dass ich des Guten definitiv zu viel getan hatte.

In der kleinsten Hütte war eben doch kein Platz für zwei, egal, wie gern die Paare sich hatten. An zu beengten Verhältnissen scheiterte selbst die größte Liebe. Der Seidelbast etwa entwickelte Äste wie ein Baum, mit denen er tief in die Privatsphäre der Tollkirsche eindrang; Eisenhut und Anemone hingegen lehnten eng aneinander, bemüht, sich gegenseitig Halt zu geben, und weil das starre Korsett der Beeteinfassung ihnen keinen Raum für ein Kinderzimmer ließ, verteilten sie ihren Nachwuchs auf alle umliegenden Rabatten. Es gab auch ganz perfide Strategien der Wohnraumaneignung wie die der Osterluzei, die nach außen hin recht bescheiden auftrat, schmalhüftig nach oben wuchs und ihren Beetgenossen nicht zu bedrängen schien, während sie tief im Untergrund mit ihrem Wurzelgeflecht Meter um Meter für sich einnahm.

So konnte es nicht weitergehen, ich brauchte einen Plan C. Meine botanischen Wollmilchsäue passten nicht mehr auf die grünen Servierplatten. Also Stauden wieder ausgraben und an einen anderen Ort verpflanzen, wo sie keine zudringlichen Nachbarn hatten. Zuvor musste ich den Platz für die delogierten Gewächse allerdings erst schaffen, denn mittlerweile war jeder Zentimeter Gartenerde bewachsen. Drei Tage lang machte ich den Rücken krumm, um für die Aussiedler neue Wohngebiete anzulegen, weitere zwei für deren Umzug. Danach lag ich ebenso flach wie die meisten der versetzten Stauden.

Und die Moral von der Geschichte: Lieber klein anfangen als groß aufgeben, denn – um es mit Oscar Wilde zu sagen – Natur ist so unbequem.

Schönheit muss leiden

Was machst du da?« Vor mir stand meine Busen- und Gartenfreundin Carola und blickte mich verdutzt an.

»Ach, nichts.« Peinlich berührt ließ ich die Fenchelknolle mit der Hochsteckfrisur in meiner Schürzentasche verschwinden und deutete ihr, sich zu mir zu setzen. Etliche Haarklammern, Schleifen, Bänder und ein Kamm blieben als Zeugen der Anklage auf dem Tisch zurück. »Ich habe dich gar nicht kommen hören.«

Carola hob ihre grazilen Füße mit den perfekt lackierten Nägeln an. Sie trug keine Schuhe. »Ich bin dabei, meine Anschleichtechnik zu perfektionieren. Dafür musst du barfuß sein, das perfekte Gleichgewicht halten, Ohren wie ein Luchs haben und Spuren lesen können.« Sie grinste. »Offenbar bin ich schon recht gut, wenn du mich gar nicht bemerkt hast.«

»Ich war in Gedanken vertieft.«

»Du hast eine Fenchelknolle frisiert.«

Zuvor hatte ich sie auch noch geschminkt, aber das musste jetzt wirklich niemand wissen. Nicht einmal meine beste Freundin.

»Warum übst du dich in Anschleichtechniken?«, erkundigte ich mich stattdessen. Das schien mir ein ebenso unüblicher Zeitvertreib zu sein wie das Stylen von Gemüsepflanzen.

»Ach.« Carola seufzte. »Es ist wegen Klaus.«

Klaus war der Göttergatte meiner Freundin. Die beiden hatten bereits unsäglich früh geheiratet, so mit Anfang zwanzig, ein typischer Fall von studentischer Liebe auf den ersten Blick. Und da Carola damals bereits mit ihrer ältesten Tochter schwanger war, kam es halt, wie es oft kam. Sie brachte das Kind zur Welt und brach ihr Studium ab, er machte Karriere. Mit knapp über dreißig zählte Klaus bereits zu den renommiertesten Immobilienanwälten des Landes, während seine Frau zu Hause blieb und zwei weitere Töchter gebar. Ihr Studium der Kunstgeschichte hatte sie bis heute nicht beendet. Und obwohl ich nie verstehen würde, wie sich zwei Menschen derart ineinander verlieben konnten, die außer ihren drei Kindern weniger gemeinsam hatten als eine Orchidee und ein Sauerampfer, wirkte ihre Ehe auf mich eigentlich recht glücklich.

Klaus zählte zwar zu den karriereversessenen Emotionsminimalisten. Sein Gefühlsleben spielte sich irgendwo zwischen zwei Aktendeckeln ab, und sein exzessiver Hang zu Pedanterie und Haarspalterei hätte mich schon zur Giftmörderin werden lassen, doch er kümmerte sich wirklich gut um seine Familie. Egal, welche Wünsche seine vier Mädels auch hatten, Klaus bemühte sich redlich, jeden einzelnen von ihnen zu erfüllen. Designerküche, Whirlpool, Reitpferd oder iPhone, wenn es ums Glück der Familie ging, scheute er keine Kosten. Seine absolute Kopflastigkeit bewahrte ihn zudem vor unüberlegten Äußerungen, Spontankäufen, Risikosportarten oder Börsenspekulationen. Kurz gesagt, in seinem Verhalten war Klaus so vorhersehbar wie eine Schweizer Uhr. Ich konnte mir beim besten Willen nichts vorstellen, was meine Freundin dazu bewog, ihrem Mann nachzuschleichen.

»Was ist mit Klaus?«, fragte ich.

Carola ließ die Schultern hängen wie eine Trauerweide. »Ich glaube, er betrügt mich.«

Das konnte ich nicht glauben. »Niemals. Nicht dein Mann. Der betrügt dich höchstens mit einem Gesetzbuch, geht mit Paragrafen ins Bett und träumt von Liegenschaftsverhandlungen, wo es ähnlich heiß hergeht wie bei einem Tanzabend des Kriegsversehrtenverbands.«

Meine Fantasie reichte tatsächlich nicht aus, mir diesen wachkomatösen Nadelstreifenanzugträger mit den gebügelten Schnürsenkeln bei amourösen Abenteuern oder gar leidenschaftlichen Sexspielen vorzustellen. Andererseits hatten die beiden drei Kinder und bislang keine getrennten Schlafzimmer.

»Du unterschätzt ihn.« Sie hatte ihre Schultern wieder gestrafft. »Klaus hat durchaus Temperament, er kann es nur gut zügeln. Aber in letzter Zeit habe ich das Gefühl, dass er mir etwas verheimlicht. Immer wieder ertappe ich ihn dabei, wie er leise telefoniert und sofort auflegt, wenn er mich bemerkt.«

»Verstehe. Und nun willst du dich mal richtig anschleichen, um zu hören, mit wem er telefoniert?«

»Mhm. Ich weiß, das ist fies und hinterhältig, aber es lässt mir einfach keine Ruhe.«

»Und wenn du ihn einfach fragst, mit wem er da ständig tuschelt, was sagt er dann?«

»Er meint, dass er nur mit einem nervigen Klienten redet,

der sich an keine Absprachen hält. Aber dabei sieht er mir nie in die Augen.« Nachdenklich betrachtete Carola eine Hummel, die sich mühsam in eine Fingerhutblüte zwängte. Bald ragte nur noch der runde, flauschige Popo heraus. »Vielleicht bin ich ihm ja zu dick?«

»Dick?« Meine Freundin besaß die Statur einer Libelle. »Wenn du dick bist, was bin dann ich? Ein wandelnder Walfisch? Eine Speckrolle mit Beinen? Ein Fettzellendepot in Menschengestalt?«

Carola schüttelte entschieden den Kopf, doch bevor sie etwas erwidern konnte, redete ich schon weiter.

»Du hast eine Figur, um die dich jede Sechzehnjährige beneiden würde. Du bist intelligent, charmant, eine tolle Mutter, und du kannst den besten Rhabarberstreuselkuchen von ganz Österreich backen. Außerdem sieht dich dein Mann immer noch so begehrlich an wie die Schnecke den Kopfsalat.«

Nun, das war vielleicht nicht der ideale Vergleich, aber auf die Schnelle war mir nichts anderes eingefallen. Allerdings stimmte das mit den begehrlichen Blicken wirklich. Wir gingen des Öfteren gemeinsam aus, und noch nie war mir aufgefallen, dass Klaus einer anderen Frau sehnsüchtige Blicke zugeworfen hatte. Er war definitiv nicht der Typ, der Kellnerinnen ins Dekolleté starrte oder ihnen an den Hintern fasste.

»Glaubst du wirklich?« Carola war noch nicht ganz überzeugt.

»Ja, das tue ich.« Meine Güte! Warum litten wir Frauen eigentlich von Kindheit an chronisch unter Selbstzweifeln, Minderwertigkeitskomplexen und der fixen Überzeugung, allesamt Mängelexemplare zu sein? »Dein Mann muss dem Schicksal doch täglich dankbar sein, eine so tolle Frau wie dich abgekriegt zu haben.«

Meine Freundin starrte schon wieder auf eine Hummel, die um den Fingerhut brummte. Die mopsigen Insekten flogen im wahrsten Sinne des Wortes auf diese attraktive Heil- und Mordpflanze. Im Unterschied zu uns Menschen verdarb ihnen das Gift auch nicht im Geringsten den Appetit. Insekten, aber auch viele Vögel konnten viele toxische Substanzen der Natur problemlos verdauen.

»An den Hüften habe ich leider ziemlich zugelegt«, klagte Carola, die sich mit ihrer fixen wie falschen Idee offenbar selbst vergiften wollte. »Kannst du dich an das malvenfarbige Ensemble erinnern, das ich mir für unseren zwanzigsten Hochzeitstag gekauft habe? Das aus Seide mit den kleinen aufgestickten Kolibris am Saum?«

Konnte ich. Nur Carola trug malvenfarbige Seidenensembles mit Kolibristickereien. In meinem Schrank fanden sich höchstens fliederfarbige Baumwollzweiteiler mit Grasflecken.

»Das wollte ich vorige Woche wieder anziehen, aber den Reißverschluss vom Rock hätte ich nicht einmal mit Gewalt zubekommen. Da haben mindestens drei Zentimeter gefehlt.«

»Himmel! Carola! Nächstes Jahr feiert ihr den dreißigsten Hochzeitstag! Du kannst doch nicht erwarten, dass du jahrzehntelang gleich bleibst. Freu dich doch, das ist Zugewinn an erotischer Nutzfläche. Sind wir erst einmal richtig alt, dann schrumpfen wir eh wieder.« Irgendwie tat sie mir leid. Eine Orchidee, die sich wie ein Mauerblümchen fühlte. »Nimm dir ein Beispiel an den Pflanzen. Die sorgen sich nie um ihre Figur, ganz im Gegenteil. Je üppiger, desto überlebensfähiger. Außerdem zieht eine stattliche Hortensie weitaus mehr Blicke auf sich als ein Schmalblättriges Weidenröschen. Trotzdem sind alle zufrieden, so wie sie sind.«

Gut, Letzteres war schlichtweg gelogen. Meine grünen

Mitbewohner waren neidisch, geltungssüchtig und rundum unzufrieden mit ihrem Platz in der pflanzlichen Gesellschaft.

Aber endlich lächelte Carola. »Ich wäre lieber das schlanke Weidenröschen als die kugelrunde Hortensie. Die tut sich manchmal sicher selbst schwer mit ihren prallen Blüten.«

»In dem Fall kriegt sie eine Stütze.« Ich trug auch einen BH. »Ist aber völlig egal. Ich wollte damit nur sagen, dass du perfekt bist, so wie du bist. Und dass du dich nicht ständig mit deinen Selbstzweifeln quälen sollst. Pflanzen hinterfragen sich auch nicht. Ich hab noch kein Radieschen erlebt, das eine Sonnenblume sein wollte. Oder einen Rittersporn, der lieber als Königskerze gewachsen wäre. In der Natur hat Schönheit unendlich viele Facetten, da zählen nicht nur Düfte oder Blüten. Daher ist Eitelkeit ein rein menschliches Phänomen.« Auch wenn es in meinem Garten genügend selbstverliebte Gewächse gab, die anderen den Rang ablaufen wollten oder sich für etwas Besseres hielten, einem aufgezwungenen Schönheitsideal folgten sie nicht.

»Und warum hast du dann vorhin eine Fenchelknolle frisiert? Wolltest du sie aufhübschen? Fenchel ist ja nicht so der Hingucker unter den Gemüsen.«

Mist. Daran hatte ich gar nicht mehr gedacht. Mein peinlicher Styling-Versuch.

Nun mussten wir beide lachen. Das war das Schöne an Freundschaften. Man durfte zu seinen Schrullen stehen.

»Also, genau genommen war das so. Gestern habe ich mir nach wochenlanger reiflicher Überlegung in einem Geschäft in der Stadt einen neuen Lippenstift gekauft.« Ihnen mag das jetzt ziemlich banal erscheinen. Über eine derartige Alltäglichkeit würde niemand sonst ein Wort verlieren, geschweige denn drei Sätze, doch für mich fiel die Anschaffung eines

Schminkutensils in die Kategorie »unerhörte Begebenheiten«.

Wenn ich so zurückdachte, hatte man öfter einen Papst gekrönt als mir ein Beautyprodukt verkauft. Dieser ganze Schönheitswahn war mir schon vor Jahrzehnten unverständlicher vorgekommen als die Relativitätstheorie.

Wozu sollte ich mich jeden Morgen freiwillig einer ganzen Tiefschlafphase berauben, um vor dem Badezimmerspiegel rechtzeitig mit der Fassadenrenovierung zu beginnen. Heutzutage stand uns Frauen im Kampf gegen Lachfalten, Krähenfüße, stumpfe Haut und einen trüben Blick ja ein ganzes Waffenarsenal an Produkten zur Verfügung. Ein Riesenaufwand, nur damit man mit rosigem Teint und strahlenden Augen am Arbeitsplatz erschien, wo garantiert kein George Clooney an der Betriebskantinenkaffeemaschine auf einen wartete. Alles vergeudete Liebesmüh.

Ich schlief lieber länger, erwog altersbedingt schon eher, mich unter Denkmalschutz zu stellen, und war froh, wenn ich mir während der täglichen Morgentoilette mit der Zahnbürste kein Auge ausstach. Bei einem Eyeliner würde garantiert Blut fließen.

Außerdem wollte ich es den Männern nicht zu einfach machen. Es hieß ja, Frauen sollten deshalb lieber schön als intelligent sein, weil Männer besser schauen konnten als denken. Ein alter Witz, doch ich gestand ihm einen wahren Kern zu. Ich hatte jedenfalls nie ein Anschauungsobjekt sein wollen, dann schon lieber ein Problemfall, mit dem man sich geistig auseinandersetzen musste.

Carola kannte meine Einstellung in diesen Dingen, daher kommentierte sie diesen unglaublichen Akt der Selbstüberwindung umgehend mit einem anerkennenden »Wow!«.

»Und was hat dich zu dieser epochalen Anschaffung bewogen?«

»Mein alter war nach drei Jahren so gut wie aufgebraucht. Obwohl ich ihn total selten verwendet habe. Halt nur zu wirklich wichtigen Anlässen. Lesungen, Fernsehauftritten, Hochzeiten und so. Aber Nina heiratet ja in einigen Wochen.« Nina war die jüngste Tochter von Carola. »Und weil das ein Großereignis ist, auf das ich mich jetzt schon freue, werde ich mich gern und freiwillig an die üblichen Gepflogenheiten halten und nicht im Garten-Outfit mit Struwwelpeter-Frisur kommen. Ich will euch ja keine Schande bereiten.«

»Du bist uns in jedem Outfit willkommen, das weißt du schon?«

»Natürlich, aber man verkommt ohnedies, wenn man immer nur vorm Computer sitzt oder in der Erde wühlt. Ich trage oft noch Klamotten, die an die Zeit vom Warschauer Pakt erinnern. Da schadet es zur Abwechslung nicht, sich mal zu verkleiden. Oder sagen wir, seinen üblichen Stil upzugraden.«

»Welche Farbe hat der neue denn?«

»Drachenblutrot.«

Seit beinahe zwanzig Jahren griff ich bei jedem Lippenstiftkauf zu Drachenblutrot. Auch das wusste meine Freundin.

»Warum immer der gleiche Ton?«

»Er gefällt mir. Und er passt nach wie vor zu mir. Im chinesischen Sternzeichen bin ich ja Drache.« Bestimmt hatte ich deshalb auch so eine trockene Haut.

»Und der frisierte Fenchel? Was hat der damit zu tun?« Carola gab nicht nach.

Ein neuer Lippenstift verlangte auch nach einer neuen Frisur, erklärte ich ihr, und da es ziemlich warm war und die Hochzeit um die Mittagsstunde herum stattfinden würde, hatte ich mich an Hochsteckfrisuren versucht. Zum Spaß hatte eben auch der Fenchel für meine Kreationen herhalten müssen.

Dabei bekam er sogar etwas Nagellack und Lippenstift ab, aber das blieb unser Geheimnis. Gestern war mir nämlich aufgefallen, dass Fenchel den gleichen Farbton besaß wie das Kleid für Ninas Hochzeit, weshalb ich an der Gemüseknolle ausprobiert hatte, ob Lippenfarbe, Haarschleifen und Lack auch zum Stoff passten.

»Das zeugt aber auch von einer winzigen Prise Eitelkeit«, nahm Carola mich auf die Schippe. »Lippenstift fällt eindeutig unter Verschönerungszubehör, egal, ob Drachenblut oder Schildlausblut.«

»Ersteres ja, Zweiteres nein. Modell Drachenblut besteht nicht aus gequetschten Läusen, sondern aus irgendwelchem synthetischen Zeug, hat mir die Verkäuferin gesagt. Kann man angeblich bei den E-Nummern ablesen.«

»Stimmt. Also E124, nicht E120. Gut so.« Mit Beautyprodukten kannte meine Freundin sich aus.

»Da bin ich beruhigt. Mir graut allein bei der Vorstellung, sich das Blut von so einem Ungeziefer auf den Mund schmieren zu müssen. Klaus wäre das vermutlich egal, der steht auch auf blutige Steaks, aber ich hätte die totale Krise. Dabei bin ich nicht vegan, aber Läuse im Gesicht: eklig. Die Frauen von früher tun mir heute noch leid, die hatten gar keine andere Wahl, wenn sie rote Lippen wollten. Da gab es nur das Karmin.«

Karmin war der Farbstoff der weiblichen Cochenilleschildlaus, die man auf eigenen Farmen züchtete, um daraus Schminke zu erzeugen.

»Lausige Produkte waren früher nur der Oberschicht vorbehalten, also eh schon Upperclass und so gesehen das weitaus geringere Übel«, erklärte ich meiner Freundin. Wobei man bereits in der Antike auf diese Tiere zurückgegriffen hat. Ärmere Frauen hingegen mussten mit dem vorliebnehmen, was in der Natur so wuchs und nichts kostete. Dabei durfte man dann nicht sehr wählerisch und vor allem nicht wehleidig sein.

Im Osten etwa griff man häufig zu einer Pomade aus den Beeren vom Seidelbast für rosige Wangen und einen verlockenden Kussmund, denn rote Lippen sollte man bekanntlich küssen. Da die Inhaltsstoffe dieser hochgiftigen Pflanze verlässlich für Hautreizungen, Entzündungen, Blasenbildung und manchmal sogar nekrotische Stellen sorgten, stellte sich in schmerzhafter Folge rasch eine »natürliche« Rötung der betroffenen Stellen ein.

»Autsch. Das muss ordentlich wehgetan haben.« Als dreifache Mutter wusste meine Freundin um die Giftigkeit von Seidelbastbeeren, die brennend scharf schmeckten und bereits in geringer Dosis tödlich waren. Nicht umsonst gab es da ein geflügeltes Wort, das besagte: Ist dein Lehnsherr dir verhasst, gib ihm einfach Seidelbast. Sich den Saft dieser Killerpillen freiwillig auf die Haut zu schmieren kam mir wie gelebter Masochismus vor.

Der zweifelhafte Ruhm, den sich der meist recht kleinwüchsige Strauch im Laufe der Jahrhunderte geschaffen hatte, war allerdings längst vergessen. Einst galten seine toxischen Wirkstoffe als probates, viel gerühmtes Mittel gegen Eingeweidewürmer, Stuhlverstopfung und Syphilis, heute war ihm die moderne Medizin längst auf die Schliche gekommen. Das ganze Gewächs verbesserte in keinem einzigen Fall die Gesundheit, sondern höchstens die Umsätze der Sargtischlerei. Früher war halt auch nicht alles besser.

Nur Vögel und Insekten konnten sich problemlos an dem bereits im Winter blühenden Strauch schadlos halten. Mein Exemplar war zwischenzeitlich zwar rekordverdächtig über sich hinausgewachsen, ragte drei Meter hoch auf, hatte einen

Stammumfang wie eine Kinderfaust und die Tollkirsche mit seiner raumfüllenden Präsenz zur Emigration gezwungen – ich hätte die beiden einsiedlerischen Sträucher niemals zwangsverheiraten dürfen –, doch Anzeichen einer drohenden Machtübernahme hatte ich bislang keine an ihm entdeckt.

Der Seidelbast schien mir eher unter Heimweh zu leiden, nach Schatten, Kühle, Waldeseinsamkeit und vielen Buchen ringsum. Ihm lag weder an Gartengesellschaft noch an meinen Zuwendungen. Ein paarmal hatte ich in den letzten Tagen versucht, ein Gespräch zu beginnen, doch er gab sich verschlossen, schweigsam und abweisend, eine Haltung, die er durch sein Erscheinungsbild zusätzlich unterstrich. Kaum waren seine angenehm duftenden Blüten im März verblüht, legte er ein derart unauffälliges Blattkleid an, dass er nahezu mit jedem Hintergrund verschmolz. Mimikry at its best sozusagen. Ich wäre in gewissen Situationen auch gerne unsichtbar, doch egal, wie grün ich mich kleidete, man bemerkte mich immer.

»Hat es sonst gar keine Möglichkeiten gegeben, sich zu schminken, ohne gleich Selbstverstümmelung zu betreiben?« Meine Freundin sinnierte immer noch über die traumatischen Schminkerfahrungen vergangener Generationen nach.

Natürlich hatte es die gegeben, allerdings regional unterschiedlich und vom floralen Angebot abhängig. In der Antike hatte man oft zu Weinsedimenten oder Braunalgen gegriffen, in Afrika zu einer Salbe aus Mohn und Granatapfel, und die Südamerikaner kultivierten einen eigenen Lippenstiftstrauch, mit dem man unter der Kennzahl E160b auch Butter und Margarine schönfärbte. Fantastisch rote, glänzende Lippen bekamen im Übrigen auch die Opfer einer Eibenvergiftung, doch das hatte üblicherweise mehr mit (Selbst-)Mord als mit Eitelkeit zu tun. Für mich stand jedenfalls fest, dass die ungeschminkte Wahrheit, und sei sie noch so voller Falten, Sommersprossen oder Altersflecken, jedem kostspieligen oder gesundheitsgefährdenden Verschleierungsversuch vorzuziehen war.

»Da sieht man halt wieder. Schönheit muss oft ziemlich leiden, damals wie heute.« Mir waren meine zahlreichen Diäterfahrungen selbst in leidvoller Erinnerung geblieben. Mein Magen, meine Laune und letztlich auch meine Beziehung hatten furchtbar unter der spärlichen Kalorienzufuhr gelitten, während meine Fettreserven dort aufgezehrt wurden, wo sie ohnedies nicht gestört hatten; im Gesicht, an den Armen und beim Dekolleté. Und das waren allesamt Lappalien, verglichen mit den Nebenwirkungen bei der Anwendung von gefährlichen Substanzen.

»Wehleidig hat man wirklich nicht sein dürfen«, stimmte Carola mir zu.

»Aber mal ganz ernsthaft. Frauen hatten bis vor gar nicht langer Zeit ja nur zwei Möglichkeiten, an einen Mann zu kommen. Entweder durch ihr Aussehen oder durch ihre Arbeitsleistung. Konnte sie Kühe melken, Kinder kriegen, kochen und auf dem Feld arbeiten, dann durften sie sich vermutlich einige Makel leisten; bestachen sie durch ihre Schönheit, standen die Chancen erheblich besser, sich weniger abrackern zu müssen.«

Erneut fiel mir auf, wie sehr sich die Welt der Pflanzen und die der Menschen oft glichen. Attraktive Gewächse wie eben die Tee- und Edelrosen brauchten gleichfalls nichts zu leisten, um geliebt zu werden. Es genügte, wenn sie ein wenig Parfüm auftrugen und ihre Blüten aufreizend zur Schau trugen. Die weniger attraktiven hingegen mussten sich jegliche Wertschätzung erst verdienen, indem sie als Nahrung,

Naturheilmittel, Mordwaffe, Gewürzkraut, Wetterbote oder eben als Beauty-Booster brillierten.

Wenn es um ihr Aussehen ging, schienen meine Geschlechtsgenossinnen jedenfalls kein Risiko zu scheuen. Um einem Mann schöne Augen zu machen, war ihnen fast jedes Mittel recht. Die Tollkirsche beispielsweise zeugte noch in ihrem Namen »Belladonna« (schöne Frau) von ihrer einstigen Beliebtheit als Kosmetikum. Seit dem Mittelalter war die bedenkliche Schönheitspraxis, sich den atropinhaltigen Saft der Tollkirsche in die Augen zu träufeln, gang und gäbe. Der toxische Wirkstoff der Pflanze sorgte bei den Damen für extrem vergrößerte Pupillen und einen feurigen Blick, der Männer in ihren Bann ziehen sollte.

Pietro Andrea Mattioli, ein italienischer Gelehrter, Arzt und Botaniker der Renaissance, hatte seinerzeit schon treffend bemerkt: »Sie haben ein schön und lustig Aussehen, damit sie einen Unwissenden leicht locken und reitzen.« Einen Nachteil hatte die Sache allerdings. Der atropinhaltige Saft, der manchmal auch verdünnt getrunken wurde, verursachte eine Art Lähmung der Augenmuskulatur, verbunden mit extremer Weitsichtigkeit. Hatten die Frauen das männliche Objekt ihrer Begierde also erfolgreich angezogen, konnten sie es aus der Nähe nicht mehr erkennen. Vielleicht lag darin der Grund, aus dem Frauen noch heute die Augen schließen, wenn sie einen Mann küssten. Damals hätten sie nämlich absolut nichts sehen können. Für die Ärzte hingegen war Atropin ein echter Segen. Die mittlerweile synthetisch erzeugte Substanz wurde heute noch angewandt, um die Akkommodation der Linse bei Untersuchungen zu unterbinden. Und das sogar nebenwirkungsfrei.

»Ob das auch unter ›Liebe macht blind‹ fällt?«, fragte sich meine Freundin nachdenklich.

»Tja, ›Schau mir in die Augen, Kleines‹, wird jedenfalls nicht funktioniert haben.«

Wir mussten beide lachen, obwohl der Anlass eher zum Weinen war. Die Idealvorstellung, die Männer von Frauen hatten oder von der Frauen zumindest dachten, dass Männer sie hätten, zwang das weibliche Geschlecht seit Jahrhunderten in wechselnde optische Korsetts und viel zu kleine Konfektionsgrößen.

Und dagegen war kein einziges hilfreiches Kraut gewachsen. Nun ja, außer Schierling und Eisenhut vielleicht. Damit ließen sich zwar auch keine Schönheitsfehler oder Figurprobleme eliminieren, aber zumindest allzu anspruchsvolle Ehegatten.

»Gibt's eigentlich auch Abnehmpflanzen? Irgendein leicht verdauliches Grünzeug, das Kalorien in Chlorophyll umwandelt oder so?«

Carola und ich kannten uns bereits derart lange, dass ich manchmal den Eindruck hatte, sie würde meine Gedanken lesen. Aber diesmal lag es vermutlich nur an den zahlreichen Hummeln, die nach wie vor am Fingerhut naschten und sie erneut an ihr vermeintlich zu dickes Hinterteil erinnerten.

Ein fettreduzierendes Gewächs gab es meines Wissens leider noch nicht. Gelänge es jemandem, eine derartige Wunderpflanze zu züchten, er wäre wohl binnen einer Woche reicher als Bill Gates und Elon Musk zusammen. Und ich würde zu den ersten Kunden zählen.

»Man könnte es mal mit fleischfressenden Gewächsen versuchen«, schlug ich vor. »Eine Zeit lang an den Hüften ansetzen und hoffen, dass sie ordentlich Hunger haben. So wie Blutegel.« Eine Idee, die mir gefiel. Ein Sonnentau, der sich statt von Fliegen von Fettzellen ernährte, während er sanft an meinem Hüftspeck knabberte. Sicher angenehmer als ein Stechmückenstich.

»Du denkst an Audrey II, richtig?« Es war schon Jahre her, da hatten wir uns gemeinsam dieses Musical *The Little Shop of Horrors* angesehen, in dem eine menschenfressende Pflanze ihr Unwesen trieb.

»Nein, sicher nicht. Audrey wäre mir eine Nummer zu groß.« Meine gewalttätige Bohne reichte mir. Dieser Schlinger saugte zwar kein Fett ab, aber durch Angstschweiß verlor man auch ein paar Gramm an Gewicht.

»Man könnte mal eine Zeit lang nur Gemüse essen. Drei Wochen Basenfasten zum Beispiel. Dabei speckt man sicherlich ausreichend ab. Aber meinem Klaus gesundes Grünzeug schmackhaft zu machen, das ist ein Ding der Unmöglichkeit. Er hat überhaupt nichts für Pflanzen übrig, nicht im Garten und schon gar nicht auf dem Teller.«

Sie seufzte, ich stöhnte. Dass ihr blutleerer Gatte lieber deftige Koteletts aß, um zu kompensieren, was sich nicht kompensieren ließ, verstand ich sogar, doch für rundum perfekte Frauen, die Probleme sahen, wo gar keine waren, fehlte mir das Verständnis.

»Jetzt hör endlich auf damit, dir Dinge einzureden, die ich dir wieder mühsam ausreden muss. Du kannst sowieso nicht abspecken, weil du gar keinen Speck hast!« Carola trug Größe 38. Bei 1,78 Metern und nach drei Geburten.

»Außerdem ist Gemüse allein auch kein Wundermittel«, suchte ich dieser neuen fixen Idee meiner Freundin eine humorvolle Seite abzugewinnen. »Auffallend viele Tiere, die Grünzeug futtern, sind trotzdem fett. Kühe, Nashörner, Nilpferde, Elefanten, Blauwale. Alles Vegetarier.«

»Ich hatte eher eine graziöse Gazelle im Sinn«, meinte Carola unbeeindruckt. »Oder eins dieser eleganten Araberpferde. Die sind doch total windschnittig. Und leben nur von magerem Steppengras.«

»Die Windschnittigkeit verdanken sie aber nicht dem Gras, sondern den Löwen, von denen sie gejagt werden. Rund um die Uhr. Wenn ich den ganzen Tag um mein Leben laufen müsste, wäre ich auch windschnittig.«

»Mag sein«, murmelte meine Freundin.

»Im Übrigen ist diese erzwungene Windschnittigkeit Teil eines echten Teufelskreises. Stell dir das mal in genauer Abfolge vor. Du bist gertenschlank, weil dir der Tod unentwegt auf den Fersen ist und dein Dasein einer endlosen Flucht gleicht. Gleichzeitig stellst du gerade deshalb die ideale Beute dar, weil du gertenschlank bist. Ein Nilpferd frisst auch Gras, wird aber von niemandem gejagt, seit der Säbelzahntiger ausgestorben ist. Na, was lehrt uns das?«

Endlich musste Carola auch lächeln.

»Gut. Ich habe verstanden. Ich werde nicht ins Gras beißen, nur um gazellenhaft auszusehen. Aber existiert wirklich keine Diätpflanze? Die Menschen wollten doch immer schon schöner sein, als sie sind. Und da es ein Kraut für strahlende Augen und eins für glänzende Lippen gab, muss man doch auch was für schlanke Hüften ausprobiert haben?«

Im Laufe der Jahrhunderte hatte es natürlich einige Versuche gegeben, durch den Griff in den Garten zur Idealfigur zu kommen, allerdings verlor man dabei meist nicht nur den Appetit und ein paar Fettzellen, sondern oft auch das Leben.

In Italien etwa haben junge, mollige Mädchen einst am Blattwerk des Oleanders geknabbert, was weniger ihren Leibesumfang als ihre Lebenskräfte reduziert hat. In unseren Breiten tranken Diätwillige dagegen oft Pestwurztee, der ihnen nicht nur schwer auf den Magen schlug, sondern wegen der unaussprechlichen Pyrrolizidinalkaloide auch die Leber schädigte.

Und bis vor gar nicht langer Zeit vertrieb man sogar eine Art TCM-Schlankheitstrank, durch dessen Genuss übergewichtige Menschen zuerst einige Kilos und danach ihre Nierenfunktion einbüßten, da in diesen Mischungen oft große Mengen der Osterluzei enthalten waren. Dieses heute sehr seltene Gewächs enthielt Aristolochiasäure, die zu schlimmen Harnwegstumoren führen konnte. »In dem Fall galt also wirklich, besser rund und gesund als schlank und krank«, beendete ich meine Ausführungen.

Mein Mann wies mich manchmal darauf hin, dass die Aufnahmekapazität eines durchschnittlichen Erwachsenen in keinem Verhältnis zur Ausführungsgeschwindigkeit meiner Sprechwerkzeuge stand, weshalb die meisten Zuhörer beim Mitdenken stets ein paar Sätze hinterherhinkten. Ich persönlich fand das zwar keineswegs, denn bislang konnte ich meinen Erläuterungen problemlos folgen, doch da Carola immer noch auf die flauschigen Hinterteile der Hummeln starrte, schien mir ein Themen- und Ortswechsel durchaus angebracht.

»Und jetzt lass uns von etwas Erfreulicherem reden.« Ich erhob mich. »Etwa von der Hochzeit deiner Tochter. Und vom nötigen Blumenschmuck.«

Bei meinem heutigen Kontrollrundgang hatte ich bereits eine Art Inventur meines blühenden Reichs gemacht. Die Auswahl an Blumen war groß genug, über deren Tauglichkeit als Tischdekoration oder Brautstrauß mussten wir noch reden.

»Du hast recht. Eigentlich bin ich eh deshalb gekommen.« Sie sprang auf, der Gedanke an Ninas bevorstehende Vermählung brachte sie endlich auf andere Gedanken. »Was täte ich ohne dich und deinen Garten.«

Früher hatte Carola ein eigenes Blumenparadies besessen, doch ihren Traum vom Rosengarten musste sie bald begraben, da zwei der drei Töchter auf Bienen- und Wespengift allergisch reagierten, während ihr Mann eine Pollenallergie entwickelte. Seitdem kamen ihre grünen Daumen nur noch in einem Gewächshaus zum Einsatz, wo sie mit großer Leidenschaft und Fachkenntnis exotische Früchte aller Art zog. Aus Bananenstauden, Baumtomaten oder Pomeranzen konnte man allerdings keinen Brautstrauß binden.

Mit Rosen meiner Ansicht nach auch nicht. Diese duftenden Liebesboten besaßen viel zu viele Dornen. Meine Freundin wollte sie dennoch in jedem Gebinde haben. »Wie sieht das denn aus? Ein Brautbukett ohne Rosen ist doch wie ein Oktoberfest ohne Bier!«

Ich widersprach. »Das ist eine Hochzeit, keine ›Dornröschen‹-Aufführung. Nina heiratet in Weiß. Und dann drückt sie den Strauß in seliger Verzückung an die Brust, sticht sich dabei und blutet das Kleid voll. Das würde erst aussehen. Und ich sag jetzt nicht, wonach.«

Nach einer langen Diskussion einigten wir uns dennoch. Die wehrhaften Rosen würden mit von der blumigen Partie sein, wenn Carola mir versprach, sie zuvor eigenhändig zu entschärfen, indem sie alle Stacheln entfernte.

Ein Entschluss, den die anderen Gewächse hocherfreut zur Kenntnis nahmen. Die gelenkigeren unter ihnen, also die mit den biegsamen Stängeln und Zweigen, schienen sogar zu applaudieren. Bestimmt hatten sie unserer Debatte sehr aufmerksam gelauscht. Das Schicksal ihrer ungeliebten Königinnen war schließlich von allgemeinem Interesse, da durfte man sich kein Wort entgehen lassen. Allein die Tatsache, dass ausgerechnet die eingebildete Garten-Noblesse schon bald ihres gesamten Schmucks beraubt werden würde, sorgte ringsum für regelrechte Begeisterungsstürme. Eine Rose ohne Blüten büßte bestimmt ihr ganzes Ansehen ein.

»Komisch.« Auch Carola hatte etwas bemerkt. Irritiert blickte sie sich um. »Es ist windstill, und die Blätter rauschen. Irgendwie fast unheimlich.«

»Aber nein. Überhaupt kein Grund zur Sorge, das ist nur so ein mikroklimatischer Luftstrom. Kommt hier öfter vor.« Besser eine gute Ausrede als eine schlechte Erklärung, selbst wenn diese der Wahrheit entsprechen würde. Meine Freundin zerbrach sich ihren hübschen Kopf ohnedies schon über viel zu viele Dinge; würde ich ihr auch noch von meinem interaktiven Garten berichten, der jegliche Kritik an seiner Haltungsform weitaus vielfältiger und fortschrittlicher ausdrücken konnte als nur durch stillen Protest, dann erlitt sie womöglich einen geistigen Kurzschluss wegen Überlastung der Denkfunktion. Daher schubste ich sie einfach weiter. Hatte bei den Rottensteins ja auch geklappt.

Erst bei den Lilien blieb ich stehen. Ich mochte diese pflegeleichten Zwiebelpflanzen, die niemals Streit suchten, nichts bemängelten, sich mit allen vertrugen und auf nahezu jedem Boden ihre schönste Seite hervorkehrten. Außerdem verströmten sie einen betörenden Duft. Drei prachtvolle Sorten besaß ich, eine beinahe schwarz schillernde, tiefdunkelrote Variante, eine rein weiße und eine violett gesprenkelte, die den verführerischen Namen Tribal Kiss trug.

»Die passt doch perfekt zu einer Hochzeit, oder?«

Carola winkte entschieden ab. Die Brautmutter wollte demnach keine Lilien, gleichfalls ein traditionelles Symbol von Reinheit, Liebe und Fruchtbarkeit. Dabei fand ich diese anmutigen Gewächse weitaus hübscher, eleganter und wohlriechender als die stachelbewehrten Aristokraten. Man sagte ihrem Duft sogar eine aphrodisierende Wirkung nach, doch meine Freundin fürchtete die üblen senfgelben Flecken, die deren Pollenstaub oft auf den Kleidern hinterließ.

Schade. Modell Nightrider, die dunkle, und Tribal Kiss, die exotische, hätten bestimmt für großes Aufsehen unter den Gästen gesorgt. Andererseits konnte ich mich nun selbst noch wochenlang an ihren Blüten erfreuen. Die Maiglöckchen waren leider schon verblüht und mit ihnen das kuriose Maiglöckchen-Phänomen. Diesen graziösen Gewächsen wurde ja nachgesagt, dass sogar Spermien von ihnen angelockt würden, was im Hinblick auf einen reichen Kindersegen eine gute Wahl gewesen wäre, doch dafür war es nun zu spät.

So zogen wir weiter. Gerbera ja, Freesien nein, Dahlien ja, Callas nein (die erinnerten an Trauerfloristik), Ranunkeln ja, Hortensien nein.

»Warum keine Hortensien?«

»Meine Putzfee, die ursprünglich Floristin gelernt hat, hat mir mal gesagt, Hortensien sind ein Symbol für Eitelkeit. Also in der Sprache der Blumen. Das ist mir zu negativ. Eitel wollen wir doch keinesfalls sein.« Sie grinste.

»Sondern?«

»Schönheitsoptimierend, würde ich sagen. Optimieren klingt immer positiv.«

Bei den Kartoffeln legte ich einen weiteren Zwischenstopp ein.

»Du könntest dir noch Kartoffelblüten ins Haar stecken. Marie-Antoinette, die Gemahlin des letzten Königs von Frankreich, hat ihr Haupt mit einem ganzen Kranz aus Blüten geschmückt. Ursprünglich hat man die Knollen überhaupt nur als Schmuckpflanze angebaut.« Daher sprach man heute noch manchmal von der »Orchidee des Nordens«.

»Da könnt ich mir gleich Zucchiniblüten hinter die Ohren klemmen. Die sind wenigstens nicht giftig.«

Mehr Dekoratives hatten die Gemüsebeete nicht zu bieten, daher besahen wir uns noch die Steingartengewächse. Blauraute, Goldlauch und Silberkerzen würden Teil der Tischdekoration werden, den Rest musste Carola sich erst überlegen.

Am Ende unseres botanischen Musterungsprozesses erreichten wir die Problemecke jedes Gartens, den trockenen Schattenbereich.

Was an diesem Ort überlebte, war hart im Nehmen. Bislang hatte es nur das Salomonsiegel geschafft, sich über Jahre hier zu behaupten. Einem Gewächs, das sich ohne Sonnenschein und Trinkwasser bester Gesundheit erfreute und obendrein sogar noch üppig blühte, musste man echten Respekt zollen.

Heute kamen mir die Pflanzen besonders stramm vor, so als würden sie versuchen, aufrecht zu stehen wie ein Mensch. Üblicherweise neigten sich ihre Stiele in leichtem Schwung stets ein wenig zu Boden, beschwert von der Last unzähliger Blüten, doch diesmal nicht. Es schien, als hätten die Stauden eine Habachtstellung eingenommen, kampfbereit, selbstbewusst, beinahe siegessicher. Ihre ganze Haltung erinnerte an militärische Exerzitien.

Ein gutes Dutzend dieser Stauden hatte ich im Laufe der Jahre in diesem unwirtlichen Bereich angesiedelt, und nun standen sie alle wie mit Winkelmesser und Kompass ausgerichtet da. Gleich einem Einsatzkommando, das nur noch auf den Marschbefehl wartete. Gruselig. Mit ihren Wurzeln, die Zementbohrern ähneln mussten, so problemlos, wie sie hier den steinharten Boden durchdrangen, könnten sie bestimmt lange Strecken zurücklegen, wären sie dazu fähig. Dass meine grünen Mitbewohner gelernt hatten, zu kommunizieren, und mir seitdem viel zu oft in den Ohren lagen, war schlimm genug, doch der Gedanke, eines Tages aufzuwachen und im Bett umzingelt oder bei meiner Gartenrunde verfolgt zu werden, grenzte an *Apocalypse Now*.

Stellen Sie sich vor, Sie schlendern tiefenentspannt durch Ihr grünes Reich – und auf einmal laufen Ihnen die Tomatenpflanzen nach und beschmeißen Sie mit unreifen Früchten, weil Sie bei der morgendlichen Visite versehentlich auf deren Blätter gegossen haben. Oder Sie sitzen gerade gemütlich bei einem Sundowner auf der Terrasse, die Augen auf ein spannendes Buch gerichtet, und ohne jede Vorwarnung knallt Ihnen der Zierlauch aus Protest über die aufdringliche Beetgenossin seine Zwiebel auf den Tisch.

Keine sonderlich angenehme Vorstellung, oder? Sie würden dem Wahnsinn verfallen oder zum Amokgärtner werden.

Erst Carolas Stimme riss mich aus meinen Horrorvisionen. »Also, die finde ich ausnehmend hübsch, die haben so etwas Erhabenes.« Nahezu zärtlich strich sie einem Salomonsiegel über die Blätter. Da die Stauden schon mannshoch waren, musste sie sich dafür nicht einmal bücken. »Habe ich in der Größe noch nie gesehen, aber das wäre meine absolut erste Wahl für die beiden Bodenvasen neben dem Tisch mit der Hochzeitstorte.«

Ich schüttelte ablehnend den Kopf. Heftig genug, um meiner absoluten Verweigerung Ausdruck zu verleihen, ohne mir ein Schleudertrauma einzufangen. »Auf gar keinen Fall! Nicht das Salomonsiegel! Das wäre ein ganz schlechtes Omen für die Braut.«

Erstaunt sah Carola mich an. »Sag jetzt nicht, dass du auf deine alten Tage abergläubisch wirst? Ausgerechnet du mit deiner schwarzen Katze, die sicher oft genug deinen Weg quert. Und wenn ich mich richtig erinnere, ist die Dreizehn sogar deine Lieblingszahl.«

Sie erinnerte sich richtig. »Also das mit den alten Tagen will ich mal nicht gehört haben. Was aber das Salomonsiegel betrifft, das wurde über Jahrhunderte als eine Art Gesichtsmaske verwendet, um die blauen Flecken zu kaschieren, die einem der eigene Mann mit harter Faust verpasst hatte. Ich würde das fast als Vorzeichen für Gewalt in der Ehe sehen.«

Zudem erweckte das Salomonsiegel einen streitsüchtigen Eindruck, ziemlich auf Krawall gebürstet, und sicher nicht gewillt, freiwillig als Schnittblume in einer Vase zu verwelken. Er sah sich selbst wohl eher als Herrschaftskandidat.

Meine Freundin warf einen letzten Blick auf die Stauden und nickte. »Wer meinen Töchtern ein Haar krümmt, der kann sich gleich für eine Hauptrolle in *The Walking Dead* bewerben«, schnaubte sie. »Doch jetzt, wo du mir das gesagt hast, muss ich bestimmt immer an prügelnde Gatten denken, wenn ich sie sehe.«

»Eine Ehe, die der 4-G-Regel entspricht, ist halt mancherorts immer noch selten.«

»4-G-Regel?«

»Gut, gleichberechtigt, gewaltfrei und glücklich«, erklärte ich und wusste im selben Moment, einen großen Fehler begangen zu haben.

Diesmal hatte ich tatsächlich zu langsam mitgedacht und – in bester österreichischer Manier – ein formidables Eigentor geschossen.

Carola erstarrte in der Bewegung. »Also, um noch mal auf das eigenartige Verhalten von Klaus zurückzukommen …«

Drei Stunden später saßen wir immer noch auf der alten Holzbank unter dem ebenso alten Kirschbaum.

Meine Freundin redete, ich hörte zu, die Vögel zwitscherten, und Kater Boris schnurrte auf meinem Schoß.

Insgeheim dankte ich dem Schicksal, mir keine Peripatetikerin als Busenfreundin beschert zu haben, da hätte ich mir inzwischen die Sohlen abgelaufen.

Meine größten Gartenpannen 5 oder Die Radieschenmisere

Bestimmt kennen auch Sie das Sprichwort »Der dümmste Bauer hat die dicksten Kartoffeln«. Oder etwas wissenschaftlicher ausgedrückt: Die voluminöse Expansion der subterranen Agrarprodukte steht in negativ reziproker Relation zur intellektuellen Kapazität des produzierenden Agrarökonomen.

Und bestimmt lässt sich dieser Sinnspruch auch auf Radieschen anwenden. Diese Appetithäppchen wachsen schließlich auch unter der Erde, sind eher rundlich und stellen so geringe Ansprüche an Hege und Pflege, dass jeder Idiot, Pardon, Gartenneuling, damit in kürzester Zeit schmackhafte Erfolge erzielen kann. Nun ja. Was also diese kleinen essbaren Knöllchen betrifft, liefern die bei mir zwar keinen großen Gaumengenuss, dafür aber einen unwiderlegbaren Beweis meiner nahezu einsteinhaften Intelligenz. Wie sonst könnte ich mir erklären, Jahr für Jahr an dieser simpelsten aller simplen gärtnerischen Herausforderungen zu scheitern.

Ich hatte im Laufe der Zeit vier Sorten Bilsenkraut gezogen, Indianerbananen zur Fruchtreife und Sodomsäpfel über den Winter gebracht, ich hatte meinen Pfirsichbäumen den perfekten Sommerschnitt verpasst und Artischocken kultiviert, bei deren Anblick jeder mediterrane Gemüsebauer vor Neid erblasst wäre – aber noch nie einen Bund präsentabler Radieschen zustande gebracht.

Jedes Frühjahr drückte ich Dutzende Samen in die Erde, rote, weiße, lange, runde, kaum hatte der Wettergott die Pflanzsaison eröffnet.

Und während die Erbsen in die Höhe schossen, der Spinat sprießte, appetitliche Spargelspitzen aus der Erde ragten und der Rhabarber knackige Stängel produzierte, entwickelten die Radieschen sich unweigerlich zu winzigen, geschossartigen Kümmerlingen, mit denen man bestenfalls Steinschleudern bestücken konnte, aber keinen Jausenteller.

Dabei tat ich alles, um ihnen ihr Wachstum so angenehm wie möglich zu gestalten, streichelte die grünen Blätter, redete ihnen gut zu, verwöhnte sie mit Vitaminen aller Art, doch die Zwergrettiche ließen sich nicht von mir täuschen. Sie hatten mich seit Jahren durchschaut – in Wahrheit konnte ich sie nicht ausstehen, weder ihren Geschmack noch ihren Geruch. Ich fühlte schon Übelkeit aufsteigen, wenn ich sah, wie im Fernsehen jemand in so ein Ding biss. Am liebsten wäre mir eine weltweite Radieschenpest, die diese unerträglichen Gewächse über Nacht ausrotten würde. Und das spürten meine Radieschen ganz genau. Ich mochte diese erdige Schärfe nicht, die ihnen anhaftete, mehr noch, ich fand sogar, dass jedes einzelne der etwa zwanzig Exemplare, die ich in meinem ganzen Leben verspeist hatte, ausnahmslos einen Nachgeschmack nach Geschirrspülmittel hatte. Ganz zu schweigen von den Humusresten, die sich immer irgendwo verbargen und beim ersten Bissen zwischen den Zähnen knirschten.

Dennoch strapazierte ich meine Nerven jährlich aufs Neue mit einem Anbauversuch, weil Franz dieses Zwerggemüse so gernhatte. Und was tat frau nicht alles für eine glückliche Partnerschaft. Funktionierte leider nie. In dieser Beziehung waren wir unweigerlich zum Unglücklichsein verdammt. Mein Mann, weil er trotz unseres riesigen Gartens und der schmucken Hochbeete auf fremde Bezugsquellen angewiesen war, was in seinen Augen einem riesigen Schandmal gleichkam. Man kaufte auch keine Schwammerl im Geschäft, wenn man neben einem Wald wohnte. Das war eine Frage der Ehre. Für ihn. Für mich eher eine Frage buddhistischer Gemütsruhe. Kein Gewächs, das meine mörderischen Instinkte mehr weckte als Radieschen. Deren Verhalten mir gegenüber war im wahrsten Sinne des Wortes unterirdisch.

Gut, vielleicht hatte ich sie manchmal ein wenig zu eng gesät. Dann fehlte es ihnen an Entwicklungsspielraum, und sie konnten sich aus Platzmangel gar keine üppigen Rundungen erlauben. Verstand man irgendwie. Sechs Menschen meiner Figur würden auch nicht in einen Kleinwagen passen. Aber als ich einen zweiten Versuch wagte (ich kaufte Radieschensamen nur noch im Fünfkilosack) und einen Radius an Wachstumspotenzial einkalkulierte, der für einen Kürbis gereicht hätte, passierte genau das Gleiche. Die mickrigen Pflänzchen schossen in die Höhe, statt an den Hüften zuzulegen. Obenrum üppiges Grün, untenrum spindeldürr wie eine verschrumpelte Karotte. Aber wer wollte sich je Radieschenkraut aufs Brot tun oder ein Pesto draus machen?

Die kleinen runden Knollen besaßen meiner Ansicht nach sowieso nur einen einzigen Lebenszweck, nämlich den, knackig zu sein. Nicht wohlschmeckend, vitaminreich, nahrhaft oder von appetitlichem Aussehen, nein, sie mussten diesen bestimmten Ton erzeugen, der einem bewies, noch keine dritten Zähne zu benötigen. Mich erinnerte dieses Geräusch immer an getrocknete Schweineohren, ein beliebtes Leckerli für Hunde.

Aber egal. Änderte alles nichts an der Tatsache, dass der großzügig bemessene Abstand meine Radieschen nicht zu einem ebenso großzügig bemessenen Bauchumfang anregte, obwohl ich sämtliche Empfehlungen arrivierter Radieschenexperten berücksichtigt hatte. Durchlässiger, leicht feuchter Boden mit viel Humus und wenig Mineraliendünger. Keine unliebsamen Nachbarn wie etwa Gurken in der Nähe, sondern nur Karotten und Kopfsalat. Dazu eine halbschattige Lage, da die widerspenstigen Knöllchen Sonne nur bedingt vertrugen, Reihenabstand von zehn bis fünfzehn Zentimetern und jede Menge Streicheleinheiten. Nach etwa sechs Wochen sah das Bonsaigemüse erneut aus wie ein Zahnstocher mit Perücke. Rank und schlank, aber mit riesigem Bewuchs am Kopf. Wie oft hatte ich diesen kleinen Widerlingen schon gesagt, sie sollten mir und meinen Rundungen nacheifern, dann würden wir vielleicht noch mal echte Freunde. Doch sie beharrten auf ihrer Magersucht, bis ich eines Tages die Rattenschwanzradieschen entdeckte, deren Besonderheit darin lag, dass man die oberirdischen Schoten aß, die laut Beipackzettel der Samenhandlung allerdings schmeckten wie ganz normale Radieschen. Voller Hoffnung säte ich Reihe um Reihe an. Wenn bei den Rattenschwänzen nur die Oberweite zählte, konnte es mir endlich egal sein, ständig Radieschen ohne Unterleib zu produzieren. Und tatsächlich, meine Hoffnung ging gemeinsam mit schmucken

Pflänzchen auf, die anstandslos wuchsen und immer größere, grüne Auswüchse entwickelten, die ein wenig nach Hülsenfrüchten aussahen. Nach nicht einmal sechs Wochen schienen die Schoten bereit zum Verzehr. Ich war hin und weg, erntete ein gutes Dutzend und stellte sie in der Küche auf unserem schönsten Dessertteller stolz zur Schau. Ein knallrotes Post-it auf dem Tisch informierte meinen Liebsten über das Radieschenwunder. Mein Mann würde Augen machen, sobald er von seinem Kundenbesuch zurück war. Die erste erfolgreiche Ernte nach mehr als fünf Jahren. Nur ihm zuliebe. Fast erwog ich, auch den Champagner kalt zu stellen, als mir einfiel, dass ich selbst noch einiges außer Haus erledigen musste.

Erst spätabends kam ich wieder heim. Mein Mann saß auf dem Sofa und las die Zeitung, der Teller auf der Anrichte war leer. In Erwartung gigantischer Lobeshymnen erkundigte ich mich nach dem Geschmack der ersten eigenen Radieschen.

Franz ließ die Zeitung sinken und starrte mich an. »Das waren Radieschen? Ich hab sie für Bohnenschoten gehalten und gekocht. Sind aber nie richtig weich geworden.«

»Aber auf dem Zettel stand doch explizit, dass das Radieschen waren.«

»Welcher Zettel? Ich hab nirgends einen Zettel gesehen.«

Meine Nachricht war tatsächlich weg. Ich blickte unter den Tisch, zwischen die Zeitungen, in den Papiermüll, nichts. Erst Stunden später, als Kater Willi mit einem knallroten Post-it am Schwanz die Küche betrat, wussten wir Bescheid.

»Egal. Was hast du dann gemacht? Also, nachdem du sie gekocht hast?«

»Dann hab ich sie auf den Kompost geschmissen.«

Das war das Ende einer langen und unglücklichen Beziehung zwischen mir und den knackigen Knollen.

Her mit dem Rettich, der Gatte geht fremd

Endlich einmal ein Tag, der ganz nach meinen Vorstellungen begann. Die Sonne schickte ihre ersten Strahlen direkt auf mein Kopfkissen, der Himmel zeigte sich in einem fleckenlos reinen Blau, nur durchbrochen von einem Schwarm trällernder Schwalben, der hoch oben seine Kreise zog, Kater Boris saß lauernd auf der Streuobstwiese und kam seinen Pflichten als Mäusefänger nach, während mein neues Haustier, die kleine Orientalische Mörtelwespe, unüberhörbar an einer weiteren Kinderkrippe baute. Dabei surrte sie wie eine Nähmaschine im Dauerbetrieb. Ein unglaublich fleißiges Tier, das erst seit einigen Jahren in unseren Breiten anzutreffen ist und das ich natürlich umgehend aus meinem Schlafzimmer verbannen wollte. Wozu hatte ich schließlich einen riesigen, insektenfreundlichen Garten angelegt, mit Nistkästen, Futterpflanzen, Wasserstellen und sonstigem Komfort, wenn sich die Summer und Brummer ihr Quartier dann ausgerechnet in den Holzbalken über meinem Bett suchten.

Ein Schlafzimmer war definitiv kein Insektenhotel und ich keine Zimmerwirtin, was die fragile Mörtelwespe nicht zu verstehen schien. Vermutlich konnte die auch als Asiatische Lehmtopfwespe bekannte Baumeisterin noch nicht ausreichend Deutsch, um mein Protestgebrüll zu verstehen. Selbst vor meinem Ganzkörpereinsatz, bei dem ich mit Händen und Füßen versuchte, das nervige Tier von seinem Vorhaben abzubringen, blieb es unbeeindruckt, obwohl ich so wild um mich geschlagen hatte, als wollte ich Flugsaurier vertreiben.

Einige Stunden später hatte die Wespe dennoch ein formvollendetes Bruttönnchen aus Lehm an den obersten Holzbalken zementiert. Und ich hätte es beinahe entfernt, weil mir der Gedanke an stechfreudige Jungwespen in meiner Intimsphäre gar nicht gefiel. Womöglich waren diese Plagegeister sogar nachtaktiv, kannte man ja von den Asiaten, die arbeiteten oft rund um die Uhr. Und dann würden sie sich im Dunkeln mit den Moskitos zusammentun und mich wehrloses und nachtblindes Geschöpf bis aufs Blut peinigen.

Nur gut, dass es Dr. Gugl gab: Ein rascher Blick ins Internet belehrte mich eines Besseren. Bei diesen fragilen Hautflüglern mit der wohl wespigsten aller Wespentaillen handelte es sich um friedliebende Tiere, deren Stachel die menschliche Haut gar nicht durchdringen konnte, eine bereits ausnehmend gute Nachricht. Noch besser, sehr viel besser, schien mir allein die Tatsache, dass diese Spezies ein ausgewiesener Spinnenmörder war, zumindest die weibliche Hälfte. Ob und was die Männchen in ihrem Leben machten, hatte bislang niemand erforscht. Vielleicht lungerten sie einfach in irgendeinem Insektenhotel herum und berauschten sich an geheimen Nektarvorräten.

Das Weibchen hingegen, das auch die Gelege zimmerte, fing bis zu fünfundzwanzig spinnenartige Krabbeltiere, um sie seinen Larven als Proviant für eine gesunde und nahrhafte Entwicklung in die Lehmtöpfe zu packen. Fünfundzwanzig! Pro Brutröhre! Diese reizenden, sympathischen, liebenswerten, nützlichen, hilfsbereiten und freundlichen Insekten produzierten im Sommer locker an die zwanzig meisterhaft zementierte Kinderkrippen für ihren Nachwuchs. Machte insgesamt fünfhundert Spinnen weniger in meinem Umfeld! Spinnen, die mich nicht mehr bedrohen konnten, mich nicht auffraßen oder nachts in den geöffneten Mund kletterten. Einem hartnäckigen Gerücht zufolge verspeiste ja jeder schlafende Mensch ungewollt circa vier Spinnentiere pro Jahr, etwas, das mir dank meiner emsigen Krabbeltierkillerin nicht mehr passieren konnte. Egal, wie hoch der Wahrheitsgehalt dieser Geschichte war, ich lebte in einem garantiert spinnenfreien Ambiente. Seit diesem Zuwachs an entomologischem Wissen kam mir selbst die ganztägig surrende Geräuschkulisse in meinem Schlafgemach entspannender vor als jede Meditationsmusik.

Gestärkt von all diesen positiven morgendlichen Empfindungen und obendrein nahezu ausgeschlafen begann ich mein Tagwerk. Duschen, Zähne putzen, Gartenklamotten anziehen, Kaffee kochen, Katzenfutter auffüllen und raus ins Freie. Der Computer blickte mir vorwurfsvoll nach. Statt wie stets meinen Zwängen zu folgen und draußen nach dem Rechten zu sehen, sollte ich längst am Schreibtisch sitzen und mit geballter Energie in die Tasten hauen, wollte ich mein Manuskript noch rechtzeitig abliefern. Aber kaum schien die Sonne, machten mein innerer Schweinehund und das Prokrastinationsteufelchen gemeinsame Sache und schoben mich mit vereinten Kräften zur Haustür hinaus. Die Arbeit hatte das Nachsehen.

Zwar betrachtete ich mich keinesfalls als frühen Vogel, der nach Würmern Ausschau hielt, doch bei der Jagd auf Nacktschnecken empfahl sich die Zeit nach Sonnenaufgang. Morgenstund' hatte eben nicht nur Gold im Mund, sondern auch reiche Beute auf dem Grund. Das schleimige Gesindel trieb sein Unwesen ja bevorzugt in den kühlen Nachtstunden. Dann krochen diese Pflanzenvampire aus ihren Verstecken hervor und machten sich zielsicher auf den Weg zu meinen seltensten Gewächsen, wobei sie alles verschlangen, was nicht bis drei auf den Bäumen war. Pflanzen gelang dieser rettende Sprung natürlich nie. Kapuzinerschnecken besaßen einen unersättlichen Appetit und eine beneidenswerte Verdauung, denn ihnen lag nicht einmal tödliches Gift im Magen. Ganz im Gegenteil. In meinem Reich zählten Eisenhut, Germer, Tollkirsche und Rizinus zu ihren Lieblingsgerichten, für die sie jedes Hindernis zu überwinden versuchten.

Oft genug gelang es ihnen auch. Ich habe schon Exemplare dieser rostroten wandelnden Fressmaschinen beobachtet, die meterhohe Wände erklommen hatten, nur um sich dann von oben auf eine schmackhafte Staude zu stürzen. Sogar mein wunderbarer Muskatellersalbei, den ich aus leidiger Erfahrung bereits in einen Topf gesetzt und diesen aus verdoppelten Sicherheitsgründen auch noch an einem Haken am holzvertäfelten Dachvorsprung befestigt hatte, war den Schnecken zum Opfer gefallen. Wahrscheinlich lauerten diese Mistviecher längst hinter einem schattigen Gebüsch, wenn wieder eine neue Pflanze Einzug in meinem Garten hielt.

Wie bemerkte schon Wilhelm Busch:

»Jetzt in dichtbelaubten Hecken,
Wo es still verborgen blieb,
Rüstet sich das Volk der Schnecken
Für den nächtlichen Betrieb.«

Ich würde sogar drauf wetten, dass es bei der schleimigen FKK-Truppe einen Späher gab, der schon beim Anblick des Grabespatens in meiner Hand umgehend »Essen ist fertig« rief. Und dann rückte die gesammelte nackige Fressmannschaft an und raspelte jedes Grün bodennah ab.

Wobei die Spanische Wegschnecke entgegen aller Vorurteile kein Immigrant aus dem Süden war, der sich auf unsere Kosten durchfüttern ließ und Nachwuchs ohne Ende produzierte, sondern eine durchwegs mitteleuropäische Kreatur. In Spanien existierte diese Art nur ganz selten, auf meinem Grund leider zuhauf. Daher betrachtete ich es als meine Pflicht, zum Schutze von Flora und Fauna alle bösen Schleimer zu entfernen. Spanische Wegschnecken waren im Unterschied zu Gehäuseschnecken oder Tigerschnegeln definitiv Schädlinge, Mörtelwespen hingegen Nützlinge, zumindest für mich. Würden sich diese Nacktschleicher ausschließlich von Unkraut ernähren, wären sie längst zum Liebling aller Gärtner avanciert.

Was hatten sie auch so einen erlesenen Geschmack, statt sich an Hahnenfuß, Quecken, Giersch und Ambrosia zu delektieren. Oder an den Rosen; das würde ihre Sympathiewerte wenigstens bei den anderen Gartenbewohnern erheblich verbessern. Und selbst ich hätte ihnen eine kahl gefressene Teasing Georgia weitaus eher verziehen als das zu Tode geknabberte Stephanskraut, das es im ganzen Land nirgendwo käuflich zu erwerben gab.

Dass die bekannte Schriftstellerin Patricia Highsmith stets eine Schnecke samt Salatkopf in ihrer Handtasche mit sich trug, war mir kein echter Trost. Die Frau schrieb tolle Bücher, doch ihr Geschmack schien mir weniger nachahmenswert. Ich hielt es lieber mit Deutschlands humoristischem Dichter:

»Schleimig, säumig, aber stete,
Immer auf dem nächsten Pfad,
Finden sie die Gartenbeete
Mit dem schönsten Kopfsalat.
Hier vereint zu ernsten Dingen,

Bis zum Morgensonnenschein,
Nagen sie geheim und dringen
Tief ins grüne Herz hinein.«

Dass sie dabei auch mein Herz mehrfach brachen, war den garstigen Tieren egal.

Nach der zweiten Tasse Kaffee fühlte ich mich jedenfalls stark genug, um Mutter Natur und ihren manchmal missratenen Kindern entgegenzutreten. Bewaffnet mit Schere, Spaten, einer Sprühflasche voller Seifenlauge (gegen eventuelle Schildlausinvasionen) sowie einem Unkrautstecher begann ich meinen morgendlichen Kontrollgang. In den Hochbeeten, die dem Gemüse und einigen Tabakpflanzen vorbehalten waren, traten die Wegschnecken gerade die Flucht an, was ich erfolgreich zu verhindern wusste. Ansonsten schienen meine Gewächse keiner unmittelbaren Gefahr ausgesetzt zu sein.

Die Halbschattenstauden sahen gleichfalls noch ziemlich unversehrt aus. Nur der Eisenhut wirkte etwas geknickt und gab sich verschlossen, was aber auch an den heftigen Windböen in letzter Zeit gelegen haben mochte. Ich redete ihm gut zu, während ich ihm Krücken unter seine Blattachseln schob und die Blütenknospen erneut mit einer dicken Schicht Zimt bestreute. Ob der Eisenhut über diese Behandlung glücklich war oder sich eher in Grund und Boden schämte, als giftigste Pflanze Europas wie ein Weihnachtsplätzchen behandelt zu werden, hatte ich noch nicht in Erfahrung gebracht. Jedenfalls half das Kuchengewürz gegen die gefräßigen Nacktschnecken, und beschwert hatte sich die Staude bislang nicht.

Flott und mit Feuereifer bei der Sache schritt ich dahin, kappte da einen übergriffigen Ast und dort etwas vom allzu anhänglichen Klettenlabkraut, verpasste einigen verkümmerten Paprikakeimlingen den Gnadenzupf und erfreute mich am prächtigen Anblick des Liebesperlenstrauchs, dessen Beeren schon bald in magisch glänzendem Dunkelviolett erstrahlen würden. Liebestränke ließen sich zwar keine aus dem dekorativen Strauch brauen, dafür war er etwas zu toxisch veranlagt, doch in seinen surrealen Anblick verliebte man sich sofort.

Dann bog ich um die Ecke, an der Regenwassertonne vorüber und – erstarrte.

Vor mir breitete sich ein gelb blühender Teppich aus. Erschrocken trat ich näher. Dort, wo eigentlich Rasen sein sollte, empfing mich ein Heer aus Kriechendem Hahnenfuß.

»Verdammt«, entfuhr es mir. Dieses flächendeckende Unkraut hatte sich nie zuvor in diesem Ausmaß vermehrt. Fast schien es, als hätte das ungeliebte Hahnenfußgewächs die Alleinherrschaft über den Rasen angetreten. Das Gras hatte bestimmt keinen Widerstand geleistet, das war jede Art von schlechter Behandlung gewohnt. Man trampelte auf ihm herum, zertrat es, riss es aus, verstümmelte es mit Klingen, Sensen und ähnlich brutalem Gerät und schenkte ihm obendrein weniger Beachtung als einem Regentropfen im Meer. Gras ließ alles mit sich machen, es duldete, litt und war dennoch stets verfügbar.

Hahnenfuß war da ein ganz anderer Typ. Den giftigeren Scharfen Hahnenfuß konnte man zur Not noch mit dem Rasenmäher in seine Schranken weisen, wenn er ganze Beete einnehmen wollte, doch beim Kriechenden half nur schwerster körperlicher Arbeitseinsatz. Seine tief reichenden Wurzeln musste man mühsam ausstechen, die meterlangen Ausläufer geduldig entfernen, und das alles idealerweise vor der

Blüte, denn dieses Fruchtbarkeitswunder vermehrte sich nicht nur durch oberirdische Stränge, sondern auch mittels Samen, die jedes der kleinen gelben »Butterblümchen« zu Hunderten produzierte.

Fluchend rutschte ich auf den Knien Meter um Meter voran, während ich abwechselnd zerrte, zupfte, zog oder mit der Hacke die Grasnarbe massakrierte.

Durch die anstrengende, gebückte Haltung kullerten in meinem Kopf die merkwürdigsten Gedanken durcheinander.

Warum hießen Gänseblümchen nach einem Federvieh? Gänse fraßen die gar nicht.

Hatte ich die Milch eigentlich zurück in den Kühlschrank gestellt? Bei der Hitze wurde sie sonst sauer.

Gab es auf der Arche Noah auch Holzwürmer? Und wenn ja, warum ist sie dann nicht gesunken.

Welchen Dichter hatte die Dichternarzisse überhaupt inspiriert?

Und warum legte mir mein Grünzeug ständig Steine in den Weg, obwohl ich gar keinen Schottergarten besaß?

Irgendwann fiel mir dann unweigerlich auch dieses dumme Sprichwort ein: »Willst du ein Leben lang glücklich sein, dann leg einen Garten an.«

Wer das behauptet hatte, hatte entweder gar keinen Garten besessen oder aber einen Gärtner beschäftigt. Meine persönliche Grünlandgestaltungserfahrung der letzten Tage hatte mich jedenfalls mehr zum Thema »Krisenintervention, Stellungskrieg und Nahkampfstrategien« gelehrt als ein General der Bundeswehr das je vermocht hätte. Oder anders gesagt: Die Momente, in denen mich der Anblick meiner blühenden Oase in eine meditativ-seelenstreichlerische Grundstimmung versetzte, stellten sich derzeit seltener ein als eine Mondfinsternis. Kaum nahm ich morgens auf der

Terrasse oder unter dem alten Kirschbaum Platz, um die Seele baumeln zu lassen, lauerte garantiert schon wieder irgendwo ein Unheil.

Heute eben in Form des furchtbaren Hahnenfußes, einer Wildpflanze, die mit hoher Wahrscheinlichkeit zu den ursprünglichen Bewohnern dieser Gegend gezählt hatte und die mich mit ebensolcher Wahrscheinlichkeit nur als gewalttätige Kolonialherrin empfand, die ihr das angestammte Wohnrecht streitig machte. Dabei hatte ich dem Unkraut, Beikraut, Wildkraut oder Kulturpflanzenbegleiter, wie man heute zu sagen pflegte, durchaus ein hübsches Reservat zugewiesen, doch damit hatte es sich augenscheinlich nicht zufriedengegeben.

Oder, die bedrohlichere Option: Der kriechende Okkupator (der Ehrlichkeit halber müsste ich von Rückeroberer sprechen, aber das würde jeder gärtnerischen Tätigkeit die Berechtigung entziehen und sie als feindliche Übernahme brandmarken) stand im Dienst seines großen Bruders, des Scharfen Hahnenfußes. Erst vor einigen Tagen hatte ich ein paar dieser ätzenden Gewächse aus dem Kräuterbeet entfernt und achtlos auf den Kompost geschmissen. In getrocknetem Zustand drohte von den gelben Blümchen keine Gefahr mehr, frisch konnte das Kraut allerdings für heftigste Bauchschmerzen, Nierenschäden und böse, nekrotische Wunden auf der Haut sorgen. Früher, in der sogenannten guten alten Zeit, hatten sich Bettler mit dem Saft der Pflanze üble Wunden zugefügt, um mitleiderregender auszusehen und dadurch die Spendenbereitschaft der Leute zu erhöhen. Bauern hingegen verfütterten das Heu gerne an ihr Vieh, in der vergeblichen Hoffnung, dadurch eine fettere und leicht gelblich gefärbte Milch zu erhalten und in der Folge die Butterqualität zu verbessern. Daher auch der Name »Butterblume«.

Heute griff niemand mehr zu dieser Pflanze – außer uns Gartenbesitzern. Wir tolerierten dieses Un-, Bei- bzw. Wildkraut üblicherweise nicht zwischen edlen Zierpflanzen, sondern verbannten es entweder auf die Bienenwiese oder in den Fangkorb des Rasenmähers, je nachdem, ob wir Anhänger der Naturgartenphilosophie oder der All-over-Golfrasen-Fraktion waren. Ich hatte ja zur Freude der Insekten, Hasen, Igel und zweier Rebhühner auf unserer riesigen Streuobstwiese hinter dem eingezäunten Gartenbereich ein eigenes Wildblumenfeld angelegt, wo neben Schafgarben, Natternköpfen, Wegwarten und Schaumkräutern auch der Hahnenfuß hingehörte. Egal, welche Unterart.

Der gelbe Invasor war offensichtlich anderer Ansicht. Entweder wollte er Rache üben für die Schmach, aus meinem Paradiesgarten verbannt worden zu sein, oder er rechnete sich gleichfalls eine gehobene Position in der pflanzlichen Herrschaftshierarchie aus. Die Richtung dafür stimmte, das Kraut kroch geradewegs auf die Rosenstöcke zu.

»Träum weiter«, flüsterte ich, während ich Wurzel um Wurzel unbarmherzig aus dem Erdreich zerrte. »Bevor jemand wie du gekrönt wird, lauf ich einen Halbmarathon.« (Wer mich kannte, wusste, wie unvorstellbar das war. Ich benötigte schon ein Sauerstoffzelt, wenn ich mit Gartengießen fertig war.)

»Haha. Sehr witzig«, fauchte der Hahnenfuß und klammerte sich mit aller Kraft in der Erde fest. Dann murmelte er noch etwas, das ich beim besten Willen nicht verstand. Nett hatte es nicht geklungen.

Einen Augenblick lang musste ich an den italienischen Gartenarchitekten und Landschaftsplaner Marco Bay denken, der einmal gesagt hat: »Der Garten ist ein Ort für Experimente und Überraschungen, aber man darf sich nicht mit der Natur anlegen, denn sie hat immer das letzte Wort.«

Nun gut, das würden wir ja sehen. Bis jetzt hatte die Natur zumindest im Gerangel um den Hahnenfuß eindeutig die schlechteren Karten. Meinem Groll und der Edelstahlhacke hatte sie wenig entgegenzusetzen.

Wobei ich diese Pflanzen schon ein wenig verstand. Mittlerweile zur völligen Bedeutungslosigkeit verdammt, galten sie auch früher schon als Grünlandproleten, denen kaum Aufmerksamkeit oder gar Achtung zuteilwurde. Kein Rembrandt hat sie je gemalt, kein Komponist vertont und kein Dichter eine Ode an ihre Schönheit geschrieben. Nur ein gewisser Wilhelm Lehmann hat dem Gewächs in seinem *Bukolischen Tagebuch* vor fast hundert Jahren einen »schimmernden Goldnebel« verliehen, doch der hatte sich längst verzogen. Dem Who's who der Pflanzenpersönlichkeiten war das Kraut sicher nur noch eine Fußnote wert. Und die Bauern, die mithilfe von Hahnenfuß eine bessere Butter rühren wollten, sind auch schon lange ausgestorben.

Dennoch musste ich jetzt vor ihm zu Kreuze kriechen, um den Rasen wieder auferstehen zu lassen. Auf unserem Grund stellte Gras ohnedies nur ein paar Prozent der Gesamtfläche, der Rest war Blumen, Bäumen, Sträuchern, Hecken und Wildpflanzen vorbehalten, aber auf diesen kleinen Bereich wollte ich keinesfalls verzichten. Das waren meine Gehwege, naturbelassen, aber weich wie ein grüner Teppich.

Ich näherte mich bereits dem letzten Drittel der Hahnenfußpromenade, als drei Dinge gleichzeitig geschahen.

Einer unserer zahlreichen Nachbarn bestieg einen Aufsitzmäher, um seinen millimeterkurz gestutzten Golfrasen noch etwas weiter zu plätten. Mit ohrenbetäubendem Knattern und Rattern raste er auf seinem Gerät dahin und köpfte dabei bestimmt die Regenwürmer, so tief hatte er das

Mähwerk eingestellt. Braune Erde wirbelte auf, aber das störte ihn nicht. Nur die anderen. Zweimal die Woche, immer der gleiche Krawall. Warum es Leute überhaupt aufs Land zog, wenn sie in ihrem Garten weder Blumen noch Büsche oder Gemüse hatten, auch keine Kinder und Haustiere besaßen und nicht einmal Fußball spielten, würde ein ewiges Rätsel der Menschheit bleiben. Klar, über die Gestaltung seines Wohnumfelds durfte hierzulande jeder Eigenheimbesitzer selbst entscheiden. Und was jemand unter Naturgenuss verstand, war gleichfalls eine Frage des Geschmacks. Der eine blühte beim Anblick einer Berglandschaft auf, der andere schaute lieber aufs Meer hinaus oder erfreute sich an einem kühlen Wald. Nach diesen Vorlieben gestalteten Hausbesitzer auch ihren Garten. Eine originalgetreue Nachahmung von landschaftlichen Gegebenheiten blieb im Grunde zwar immer noch eine von Menschenhand geschaffene Komposition, doch es erinnerte stets an das natürliche Vorbild.

Außer bei gewissen Mitmenschen, deren Grünraumgestaltung eher einem Gefängnishof ähnelte, obwohl sie bestimmt nie dort gewesen waren. Verstümmelung von Eigengrund, ästhetisches Fehlverhalten, Massenmord an Krabbelgetier und unnötige Lärmbelästigung waren kein ausreichender Haftgrund.

Der Lärm von Aufsitzmähern im Dauerbetrieb löste in mir regelmäßig eine Spontanmigräne mit ebenso spontanen Mordabsichten aus. Vermutlich würde eher ich hinter Gittern landen. Es hieß nicht umsonst: »Der Mörder ist immer der Gärtner.« Oft genug hielten wir uns für Gott, da wir erschufen, aber auch zerstörten. Wir waren Herrscher über Tod oder Leben; der Hahnenfuß musste sterben, die Gänseblümchen nicht.

»Fahr zur Hölle, du …«, brüllte ich. Es war doch noch gar

nicht so lange her, dass ein Mann ähnlichen Alters in Thüringen beim Rasenmähen zu Tode gestürzt war, weil sich – aus unbekannten Gründen – direkt vor ihm ein tiefes Erdloch aufgetan hatte. Was würde ich für so ein Loch geben …

Doch kurz nach dem Start der Mähoffensive biss mich eine Goldaugenbremse ins Hinterteil. »Auuuuua. Verfluchtes Viech!« In meiner gebückten Haltung bot es vermutlich den idealen Landeplatz, großflächig, weich gepolstert und gut durchblutet. Insgeheim musste ich mir eingestehen, dass mein Kampf gegen das Insektensterben weder Bremsen noch Stechmücken mit einschloss. Aber alle konnte man sowieso nicht retten …

Wütend schlug ich nach dem Tier – und mir damit automatisch selbst auf den Hintern –, was den Schmerz durch den Biss keinesfalls verringerte. Und gerade als ich den Eindruck hatte, die Bremse erwischt zu haben, sprang mir Kater Boris zwischen die Beine und brachte mich zu Fall.

Wer möchte, kann das gerne selbst ausprobieren. Stellen Sie sich mit leicht gegrätschten Beinen auf die Wiese, bücken Sie sich so tief wie möglich und geben Sie sich gleichzeitig einen Klaps auf den Hintern. Sie werden feststellen, dass dieser eher ungewohnte Bewegungsablauf sehr negative Auswirkungen auf Ihr Standvermögen hat. Ganz ohne Kollision mit einem verrückten Kater.

Wenigstens konnte ich weder weit noch tief fallen, denn ich befand mich ohnedies in einer sehr bodennahen Position. Trotzdem hätte ich den Hahnenfuß keinesfalls küssen wollen.

»Schei***, Schei***, Schei***!«

Mit dem Gesicht auf der Erde fühlte ich mich den Auswüchsen der Natur spürbar unterlegen. Bäuchlings hingestreckt und Auge in Auge mit einem Grashüpfer lag ich da, eine

Stellung, die meine vorherige pseudoakrobatische Performance an Peinlichkeit noch bei Weitem übertraf. Zum Glück hatte mich niemand gesehen.

Die Nachbarn konnten nicht über unsere Hecke schauen, mein Mann war in der Werkstatt, nur Kater Boris hatte alles mitbekommen.

Mühsam versuchte ich, wieder auf die Beine zu kommen, ohne mich an der scharfen Spitze der Hacke zu verletzen, deren Stiel sich unter meinem linken Oberschenkel befand. Beim Versuch, die Bremse zu vertreiben, hatte ich das Werkzeug abgelegt. Leider zu wenig weit weg von mir. Ich hatte ja nicht vorgehabt, gleich zu stürzen. Vorsichtig rollte ich etwas nach rechts und wollte mich gerade aufrappeln, als mir mein Schatten auffiel. Der hatte sich stattdessen nach links gedreht.

Und nun sprach er auch. Eindeutig mit der Stimme meines Mannes.

»Bodenturnen mit Schimpftirade. Wow. Könnte glatt als neue olympische Disziplin durchgehen.« Er prustete los.

»Verdammt. Was soll das? Spionierst du mir nach?« Die Wut verlieh mir ungeahnte Kräfte. Im Nullkommanix war ich auf den Beinen und blickte ihn an. Ich konnte es nicht ausstehen, wenn hinter meinem Rücken gelacht wurde. »Und hör sofort zu lachen auf!«

Franz trat näher an mich heran und wollte mich umarmen. »Aber ich lache ja gar nicht. Was du da hörst, ist Ausdruck meiner tiefsten Dankbarkeit. Du hast mir soeben meinen unendlich öden und anstrengenden Tag erheitert.« Wieder gluckste er.

Ich schob ihn entschieden von mir. »Wenn du nicht zum nächsten Opfer meiner Schimpftirade werden willst, dann solltest du jetzt ganz schnell aus deiner Welle der Heiterkeit auftauchen und nach einem möglichst unverfänglichen Thema greifen.«

»Kaffee. Ich mach uns noch einen guten Kaffee, und wir reden über das Mittagessen.«

»Wenn ich kochen muss, ist das nicht unverfänglich.«

»Ich bringe dafür dein, ähem, Schnittgut weg.« Er starrte auf die Schneise der Verwüstung, die mein gewaltsames Jäten hinterlassen hatte. Die Grasnarbe würde sich erholen, der Hahnenfuß hoffentlich nicht.

»Jätgut. Das ist Jätgut.«

»Und wo liegt der Unterschied?«

»In der Schweißabsonderung und dem Kalorienverbrauch.« Mit Mäher oder Motorsense musste ich mich nicht so abrackern. Nicht einmal mit der Baumschere, da man sich nicht zu bücken brauchte, um einen Ast zu kappen.

Franz nickte. »Verstehe. Kaffee, Kekse und Schokolade.«

Ein Dreier, der stets befriedigte.

Als ich, zwar etwas ramponiert, aber ansonsten unversehrt, wieder auf der Terrasse saß und mich bei Kaffee, Plätzchen und Schokolade (die mit den ganzen Nüssen war mir am liebsten, gefolgt von Nougat und Crème Caramel) stärkte, musste ich innerlich schon selbst über mich lachen.

»Aber dem Hahnenfuß hab ich's gezeigt.«

»Wie bitte?«

Ich berichtete ihm von den invasiven Tendenzen dieses Un-, Bei- bzw. Wildkrautes. Und dass es garantiert bis zu den Rosen vorgedrungen wäre, hätte ich mich ihm nicht tapfer in den Weg gestellt.

Mein Mann ergriff meine Hand. »Du Heldin!« Dann täuschte er mehr schlecht als recht einen Hustenfall vor, um sein anhaltendes Grinsen zu verbergen. Aber ich durchschaute ihn. Männer waren schlechte Lügner. Ihnen mangelte es entweder an Fantasie oder am Gedächtnis.

»Du glaubst mir immer noch nicht, aber im Garten geht

was vor sich. Irgendwas Unerhörtes. Die Pflanzen machen Ernst mit ihren Umsturztendenzen.«

»Mhm. Ja. Interessant.«

»Ich habe dir doch gesagt, die wollen die Rose vom Thron stoßen, ihren Herrschaftsansprüchen ein Ende setzen, mit deren Sonderstellung ein für alle Mal aufräumen.«

Er nickte. Leugnen war zwecklos. Das hatte ich nicht einmal, sondern gefühlt schon zehnmal gesagt. »Und dann?«

»Keine Ahnung. Vermutlich ein neuer König. Oder eine Königin. Oder es entsteht eine Demokratie. Vielleicht führen sie das Parteienwesen ein? Die Zwiebelgewächsfraktion und die Blühstaudenunion und dergleichen mehr. Aber ich kann ihnen nachfühlen, dass sie mit der jahrhundertealten Hierarchie keine Freude mehr haben.«

»Kannst du?« Mein Mann wirkte immer noch ziemlich amüsiert. »Und wie fühlt sich das an?«

Das war mein Stichwort. Ich schob ihm das letzte Plätzchen zu, damit er während meiner Ausführung bei Kräften blieb.

»Rollenklischees, mein Lieber. Rollenklischees.«

Damit kannten wir Frauen uns noch besser aus als mit Hausarbeit und Kindererziehung. Über Jahrhunderte hatte man uns in dieses enge Korsett aus Klischees jeglicher Art gezwängt. Das schwache Geschlecht, die Untertanin des Mannes, die Erbsünderin, die Dienerin ihres Herrn, die fürsorgliche, aufopferungswillige, sanftmütige Mutter und Ehegattin, die am Herd brillierte, aber keine Glühbirne wechseln konnte, die unverbesserlich romantische Gefühlsduslerin, die im Leben nichts mehr begehrte als einen Mann, den sie auf ewig anschmachten konnte …

Und obwohl sich die Zeiten mittlerweile etwas gebessert hatten, galten lange Beine, üppige Oberweite und eine Wespentaille in den Augen viel zu vieler Männer immer noch mehr als die sogenannten inneren Werte, zu denen auch Intelligenz zählte.

»Nun sei doch mal ehrlich! Seit jeher zählen nur Dinge wie Kraft, Stärke, Größe und Schönheit, aber nie Leistungen, Talente oder Charaktereigenschaften.«

Franz nickte, überlegte es sich dann anders und meinte: »Aber ich mag auch deine inneren Werte.«

Ich gönnte ihm ein versöhnliches Lächeln. Zumindest die Kurve hatte er perfekt gekratzt. »Aber lass jetzt mal uns beide aus dem Spiel. Denk an den Wald. Wer ist der Baum unter den Bäumen? Die Eiche. Über Jahrhunderte galt dieses Gewächs auch als Inbegriff strammer Männlichkeit, während der rankende Efeu symbolisch für die Frau stand, die sich an den Stamm schmiegte und an seiner Rinde Halt suchte.«

»Und den Baum letztlich erwürgte.«

»Tut er nicht. Efeu würgt niemanden, er überwuchert Pflanzen und nimmt ihnen das Licht.«

»Daran kann man auch sterben.«

»Lenk nicht vom Thema ab. Also die Eiche ist groß, mächtig, stark und der Star unter den Bäumen. Der Löwe, ebenfalls groß, mächtig und stark, ist der König des Dschungels, der Adler Herrscher im Luftraum und der Steinpilz Inbegriff aller Speisepilze. Klugheit ist demnach kein Kriterium. Die Krähe wäre weitaus intelligenter als der Adler, der Gorilla klüger als der Löwe. Und um Fähigkeiten geht es genauso wenig. Die Linde ist auch ein toller Baum, Bienen lieben ihn, ihre Blüten helfen bei Erkältungen. Zudem ist sie sehr klimatolerant. Und der Austernseitling schmeckt nicht nur exzellent, er hat auch viele heilsame Seiten. Dennoch werden die Hauptrollen seit Ewigkeiten gleich besetzt.«

Franz betrachtete mit sichtlichem Bedauern die leere Kekspackung.

»Du meinst also, eine Talente-Show wäre gerechter? So was wie ›Mein Garten sucht den Superstar‹?«

Genau das meinte ich. Es gab doch einige vielversprechende Kandidaten.

»Ich glaub, da hätte der Rettich gute Chancen«, sagte Franz unvermittelt.

»Der Rettich?« Mein Mann hatte sich noch nie besonders für Pflanzen interessiert. Seine Welt waren Bäume, Holz und Sägespäne. Und dann ausgerechnet diese plumpe Rübe, eine Verwandte meines verhassten Radieschens. Auch bei ihr hatte ich bislang keine züchterischen Erfolge verbuchen können.

Wenn ich so nachdachte, gedieh in meinem Garten fast gar kein unterirdisches Gemüse. Selbst die Karotten glichen unweigerlich Opfern einer Dürrekatastrophe, egal, wie gut ich sie mit Wasser und Nährstoffen versorgte. Nicht einmal die Möhrenfliegen fanden an ihnen Gefallen. Möglicherweise traf das, was man über Hunde und deren Besitzer sagte – wie der Hund, so das Herrl –, auch auf Grünzeug zu. Ich litt seit Ewigkeiten unter einer leichten Klaustrophobie, ertrug weder Liftschächte noch Bergwerkstollen und war generell ein Sommersonnenmensch, den Dunkelheit depressiv stimmte.

Damit nicht genug, war ich sehr extrovertiert, liebte die Gesellschaft, konnte mit allen und jedem ins Gespräch kommen und genoss ein buntes Treiben um mich herum. Als Wurzelgemüse würde ich kläglich eingehen. Diese introvertierten Kellerbewohner bekamen ja nichts mit vom Leben über der Erde. Keinen Tratsch mit den Beetnachbarn, keinen Panoramablick, keine Besuche von Bienen, nichts. Höchstens ein Maulwurf oder Regenwurm schaute hin und wieder vorbei.

Und weil die Verwertbarkeitsrate meiner Erdknollen eben gleichfalls auf einem unterirdischen Niveau lag, fragte ich mich, wie mein Mann ausgerechnet auf Rettich kam. Den hatte ich heuer gar nicht mehr angebaut.

»Warum ein Radi? Der kann doch gar nichts, außer Probleme bereiten oder der Bierjause einen gesunden Anstrich verleihen. Ohne Maßkrug hat der überhaupt keine Daseinsberechtigung«, fand ich zumindest.

Wer kein Bier mochte, konnte auch dem Rettich wenig abgewinnen. Für mich schmeckten diese Rüben wie pürierter Kompost mit einer gewöhnungsbedürftigen süßlich-scharfen Note im Abgang. Aber über Geschmäcker ließ sich bekanntlich endlos diskutieren.

»Ich finde es einfach toll, wie der unter extremen Bedingungen wachsen kann«, meinte Franz und wies mit dem Kopf Richtung altes Hoftor. Ich musste nicht hinsehen, um zu wissen, was er meinte.

Dieses undankbare Gewächs hatte sich allen meinen Kultivierungsversuchen in einem lauschigen Beet hartnäckig verweigert und sich stattdessen in die winzige Spalte zwischen Betonfundament und Metallrahmen des Tors gezwängt, wo es nutzlos vor sich hin wucherte. Der Falz war so eng, dass keine zwei Finger reinpassten, geschweige denn eine unterirdische Knolle. Typisch irgendwie. »Das sind keine extremen Bedingungen, das ist sein natürliches Verhalten. In der Antike war der Rettich nämlich ein echter Arschkriecher. Das steckt ihm offenbar immer noch in den Genen.«

Jetzt hatte ich die volle Aufmerksamkeit meines Mannes.

Während er seinen Blick endlich von der leeren Packung ab- und mir zuwandte, erzählte ich ihm von der berühmt-berüchtigten Rettichstrafe, die man Ehebrechern im alten Griechenland verpasste.

»Stell dir vor, Brad Pitt hätte vor ewigen Zeiten in Athen gelebt. Kaum wäre bekannt geworden, dass er seine Gattin mit Angelina Jolie betrügt, hätte man ihn vor Gericht gezerrt und zur damals üblichen Strafe für untreue Männer verurteilt.«

»Und die war? Also was hat der Rettich damit zu tun?«

»Man hat ihnen die Schamhaare mit heißer Asche abrasiert und einen Radi in den Hintern geschoben. Also anal penetriert sozusagen.«

Franz starrte mich entgeistert an. Das Grauen stand ihm ins Gesicht geschrieben. Allein die Vorstellung einer derartigen Tortur schien ihm körperliche Schmerzen zu bereiten. Männer waren erstaunlich sensibel veranlagt, was das betraf. Ich konnte mich noch gut an die Kastration unserer beiden Kater erinnern; letztlich hatte mein Mann eindeutig länger unter diesem Eingriff gelitten als die beiden Miezen. Die hatten das kaum mitbekommen und waren fünf Tage später schon wieder ganz die Alten. Also vom Charakter her, vollständig waren sie natürlich nicht mehr. Na, Sie verstehen schon, was ich meine.

Auch nun zerfloss Franz nahezu vor Mitleid, diesmal eben mit den alten Griechen. »Glaub ich nicht«, murmelte er verstört.

»Doch, das hat sogar der römische Dichter Catull beschrieben.«

Ich zitierte ein paar Verse. Zugegeben die einzigen drei, die ich auswendig konnte, und das nur, weil sich Männer, die auf ihrem Radi zum Bier bestanden, damit so herrlich schockieren ließen.

»Ha dann weh dir, du Ärmster, Unglückseliger:
hoch die Beine und auf das Loch da hinten,
dass dich Fische und Rüben dafür stopfen!«

Dafür hatte man zu den korinthischen Rüben gegriffen, weil die angeblich besonders groß und fest waren, aber so genau wollte Franz das nicht wissen. Betroffen winkte er ab. Nur keine Details.

»Dir würde doch eh nichts passieren.«

Ich verdächtigte meinen Mann zwar hin und wieder, dem Süßwarenregal im Supermarkt allzu schöne Augen zu machen, aber nicht der Verkäuferin und auch sonst keiner anderen Frau.

»Trotzdem. Ich kriege die Gänsehaut, wenn ich so was höre. Außerdem finde ich Strafen mit Gemüse echt abartig. Grünzeug soll uns erfreuen, nicht quälen. Das kommt mir vor wie die Dornenkrone Christi oder Auspeitschungen mit Brennnesseln.«

»Ach komm. Ehebrecherische Frauen werden heute noch in einigen Ländern gesteinigt. Und das stell ich mir weitaus schlimmer vor. Daran stirbt man.«

Besser, ich erzählte Franz nichts von der unmenschlichen Praxis der Bambusfolter, die aufmüpfige Sklaven auf Réunion, aber auch Gefangene während des Krieges zwischen Malaysia und Siam erleiden mussten. Im Vergleich dazu nahm sich die Rettichstrafe fast wie eine Geste der Zärtlichkeit aus. Beim Gedanken an Bambus hingegen stellte es sogar mir die Haare auf.

Menschen konnten unvorstellbar grausam sein, da kam die Natur nicht mit. Etliche Gartenbesitzer konnten vom Rekordwuchs des Bambus bestimmt ein leidiges Lied singen. Ohne eine ausbruchssichere Wurzelsperre hatte man anstelle seines Gartens binnen kürzester Zeit einen Wald. So gesehen war dieses immergrüne Gewächs definitiv das einzige Gras, dem man tatsächlich beim Wachsen zusehen konnte. Rund um China, wo der riesige Moso-Bambus beheimatet ist, schafft die Pflanze einen Zuwachs von einem Meter pro Tag. Damit hat sie es ins *Guinness-Buch der Rekorde* geschafft – und unter die furchtbarsten Foltermethoden.

Teuflische Sklavenhalter und sadistische Generäle haben

sich diese enorme Wachstumsgeschwindigkeit zunutze gemacht, um Sklaven wie Kriegsgefangene bei lebendigem Leib von Bambustrieben durchlöchern zu lassen. Entweder nach der Ganzkörpermethode, indem man die dem Tode Geweihten auf austreibende Sprossen legte und wartete, bis die Triebe in den Körper eindrangen, oder punktuell, also rektal. Alles Weitere wollte ich nicht mal meiner Fantasie überlassen.

Mit dem sadistischen Erfindungsgeist von Folterknechten konnte und wollte selbst ich als Krimiautorin nicht konkurrieren. Natürlich brachte ich haufenweise Menschen um, war ja schließlich mein Beruf, aber ich quälte meine Opfer nicht tagelang, nur um mich an deren Schmerzen zu weiden. Das taten nur Psychos. Oder amerikanische Thriller-Autoren. Bislang hatte ich noch nicht einmal zur Dieffenbachia gegriffen, diesem Mauerblümchen der Zimmerbotanik, mit dem man einst unliebsame Zeugen und rebellische Leibeigene vorübergehend zum Schweigen gebracht hatte. Die Bestraften wurden einfach gezwungen, an den Stängeln der Pflanze zu kauen, was Zunge und Schleimhäute anschwellen ließ, weshalb die Gemarterten dann tagelang unter Atembeschwerden litten und nicht sprechen konnten. Daher wurde dieses unscheinbare Gewächs, das meist nur als Staubfänger in muffigen Amtszimmern diente, auch Schweigrohr genannt.

Tatsächlich war der Griff in die Botanik früher ein durchaus häufiges Mittel gewesen, im Strafrecht und in der Privatwirtschaft.

Im alten Ägypten soll man pulverisierte Pfirsichkerne einst zum Vollzug der Todesstrafe verwendet haben. Die Kerne, wie auch die der Marillen/Aprikosen, enthalten Amygdalin, einen Stoff, der im menschlichen Körper in

Blausäure umgewandelt wird. Ein gleichfalls unangenehmer, aber zumindest rascher Tod. Und Sokrates, angeklagt wegen Gottlosigkeit und Verführung der Jugend, musste seine Hinrichtung sogar selbst in die Hand nehmen und den tödlich giftigen Schierlingsbecher trinken. Eine im 5. und 4. Jahrhundert v. Chr. durchaus übliche Art der Todesstrafe. Auf einigen mediterranen Inseln bekamen sogar alte Menschen den Schierlingstrunk gereicht, um der Gesellschaft nicht mehr zur Last zu fallen. Wer dem Staat nicht mehr von Nutzen war, hatte seine Daseinsberechtigung verwirkt. Da zahlte ich doch lieber in die Pensionskasse ein.

»Oder was meinst du?« Mein Mann sah immer noch aus, als würde er unter starken Phantomschmerzen leiden.

»Ich spüre so ein leichtes Grummeln im Bauch«, meinte er und erhob sich. »Deine Gräuelgeschichten sind echt schwer zu verdauen.« Und weg war er.

Vielleicht hätte ich ihm noch schnell von Mussolini erzählen sollen, der Regimekritiker mit Rizinus folterte, bis sie sich ihrer »falschen« Ideologie durch den Mastdarm entledigten. Das hätte seine Verdauung garantiert beschleunigt.

Meine größten Gartenpannen 6
oder
Die Sichtschutzhecke und das rülpsende Reh

Wer einen Paradiesgarten besitzt, will sein Glück nicht unbedingt öffentlich zur Schau stellen. Ich etwa zählte zu denen, die ihre blühende Oase lieber im Verborgenen genossen. Nicht, weil ich den Neid meiner Mitmenschen fürchtete, sondern eher wegen der intimen Einblicke, die keinem beliebigen Zaungast verborgen blieben, wenn er an der Ostseite unseres Gartens vorbeispazierte. Und da ich meiner bevorzugten Prokrastinationsmethode, dem Hochleistungsrelaxen, jahreszeitlich bedingt oft gerne in minimalistischer Bekleidung nachkam, fühlte ich mich allzu oft wie eine Schaufensterpuppe in einem Secondhandladen: derangiert.

Ich mochte es ja generell nicht, wenn die Leute mich anstarrten, egal, aus welchen Gründen. Eine optische Bereicherung oder Trendsetterin für schicke Freizeitmode war ich garantiert nicht. Die Auswahl an Kritikpunkten an meiner Wohlfühlerscheinung hingegen bot sicherlich ausreichend Gesprächsstoff, wenn die dörfliche Gerüchteküche gerade nichts Aufregenderes zu bieten hatte.

Eine Kuh, die in die Klärgrube gestürzt war, konnte hier tagelang für Gesprächsstoff sorgen. Oder Selina Sargnagl, die mit dreiundzwanzig Jahren bereits dreifache Mutter von drei verschiedenen Vätern war, was für gewagtere Spekulationen sorgte als die Wirecard-Aktien an der Börse. Zum

Missfallen der engagiertesten Tratschtanten konnte Selina jedoch nur ein Kind pro Jahr austragen, weshalb man sich nicht andauernd das Maul über sie zerreißen konnte. Da kam mein ortsunüblicher Anblick als Lückenfüller ganz gelegen.

Meine Frisur fiel in die Kategorie Freestyle, das Freizeit-Outfit erinnerte an eine Altkleidersammlung, das Nageldesign hatte mächtig Luft nach oben, und figürlich konnte man bestimmt auch einiges bemängeln. Mein Body-Mass-Index orientierte sich halt eher an Botero als an Giacometti, aber das kümmerte mich schon lange nicht mehr. Lieber in der Hängematte unter der Sommersonne schwitzen als im Fegefeuer der Eitelkeiten schmoren. Schließlich begab ich mich nicht im Konfirmationskostüm nach draußen, nur um in der Erde zu wühlen oder ein Buch zu lesen, wobei Zweiteres einigen Hardcore-Landbewohnern ohnehin höchst verwerflich vorkam.

Nur Taugenichtse, Sozialschmarotzer und geistig degenerierte Stadtbewohner saßen am helllichten Tag untätig im Freien herum. Und Lesen galt bei den Alteingesessenen keinesfalls als ernst zu nehmende Tätigkeit. Allein Schreiben war noch schlimmer, denn das Konstruieren einer glaubwürdigen Handlung stellte meist reine Kopfarbeit dar. Auch ich machte da keine Ausnahme.

Ein Buch zu schreiben forderte zuallererst den Geist heraus. In Gedanken mühte ich mich tage-, oft sogar wochenlang ab, um das passende Opfer zu finden, den perfekten Mord zu begehen, die Leiche zu entsorgen, Spuren zu verwischen und dazu ein paar verwertbare Indizien auszustreuen. Dabei saß man zwangsweise unbeweglich herum und starrte Löcher in die Luft, bis sich die einzelnen Handlungsstränge wie ein Puzzle ineinanderfügten. Für einige Beobachter ein sicheres Zeichen, dass ich wieder mal keinen Finger rührte. Dass ich mein Geld mit Gehirnakrobatik verdiente und nicht mit handwerklichen Tätigkeiten, interessierte niemanden. Wer sich im Freien aufhielt, hatte gefälligst einer echten Beschäftigung nachzugehen. Wobei diese Tätigkeit vielerorts ganz präzisen Kriterien zu entsprechen hatte.

1. Man musste sie bereits aus weiter Entfernung akustisch wahrnehmen können. Rasen mähen, Hecken schneiden, Holz sägen, den Betonmischer bedienen, mit dem Laubbläser Staub aufwirbeln oder sein Motorrad tunen galten als ehrbarer Zeitvertreib. Säen, jäten, stricken, lesen, Äpfel klauben, eine Fremdsprache lernen oder die Dachrinne reinigen hingegen nicht, außer es gelang einem, laut brüllend von der Leiter zu stürzen.
2. Jede Arbeit an der Frischluft musste durch reichlich Bier am Laufen gehalten werden.
3. Es durfte erst dann mit der Beschäftigung begonnen werden, wenn sichergestellt war, dass genügend Nachbarn Ohrenzeuge dieser heldenhaft schweißtreibenden Taten werden konnten.

Gemessen an diesen hehren Anforderungen musste ich anderen wohl tatsächlich wie ein Faulpelz vorkommen. Ich machte keinen Krawall und mochte ihn auch nicht. Selbst in meinen Büchern mordete ich leise, mit Gift, ohne Schusswaffen.

Ich trank selten Bier, lieber Wein, und ich lag bzw. saß viel zu oft auf der faulen Haut, wenn ich las, dachte oder dichtete. Wobei mir die alte Ausdrucksweise »dem Müßiggang frönen« weitaus besser gefiel, denn die vermittelte den Eindruck einer aktiven Beschäftigung. Um sinnerfassend zu lesen oder den perfekten Mord zu planen, musste man ja durchaus etwas tun, nämlich seine grauen Zellen strapazieren. Deshalb hielt ich mich auch keinesfalls für träge, höchstens ein wenig wohlfühlorientiert. Und das durfte ich in meinem Alter schon sein.

Nachdem mir jedoch der gefühlt hundertste Passant »Na, schon Feierabend für heute« zugerufen hatte, beschloss ich, eine blickdichte Hecke anzulegen, um meine Ruhe zu haben.

Mit der gewohnt perfektionistischen Herangehensweise einer Steinbock-Geborenen brachte ich Stunden damit zu, die besten Stauden für einen natürlichen Sichtschutz ausfindig zu machen. Die grüne Barriere sollte ja nicht nur blickdicht sein und dekorativ aussehen, sondern auch Vögeln und Insekten Nahrung und Schutz bieten.

Schon bald hatte ich auch die vermeintlich idealen Kandidaten gefunden. Wenige Tage später zogen Stechpalmen, Buschrosen, Eiben, Kornelkirschen und Zierquitten bei mir ein. Mein Mann grub im Schweiße seines Angesichts Pflanzloch neben Pflanzloch, ich versorgte ihn mit erfrischenden Getränken und sachdienlichen Weisungen.

Eine Arbeitsteilung, die unseren unterschiedlichen Fähigkeiten bestens entsprach und in den meisten Fällen auch funktionierte. Was körperlich anstrengende Gartenbaubelange betraf, wusste ich, was zu tun war – und Franz tat es dann. Schließlich waren seine Bizepse nicht nur zum Anschauen da, die brauchten auch ein Betätigungsfeld, um in Form zu bleiben.

Nach einigen Wochen und etlichen Regengüssen sah die Hecke schon recht ordentlich aus. Da ich ziemlich stattliche, hochgewachsene Exemplare gewählt hatte, konnten bald nur noch Reiter, Riesen oder Traktorfahrer einen Blick darüberwerfen. Und als es Herbst wurde, sorgte meine wildwüchsige Mauer nicht nur für eine perfekte Privatsphäre, sondern auch für jede Menge Beeren und Früchte.

Die Vögel würden begeistert sein ob meiner kulinarisch

perfekten Wahl. Und so war es auch. Kaum brachen die ersten frostigen Zeiten an, wurden Kornelkirschen und Eibenbeeren umgehend vertilgt, obwohl wir das ganze Jahr über Vogelfutter bereitstellten. Aber gegen etwas Abwechslung im Speiseplan hatten auch Vögel nichts einzuwenden. Danach stürzten Amseln und Eichelhäher sich auf die knallroten Früchte der Stechpalme, und selbst die sauren Quitten blieben nicht übrig. Nur die kleinen Hagebutten hingen ein wenig länger am Strauch. Doch als der erste spärliche Schnee fiel, verschwanden auch sie.

Als wandelnde Frostbeule beschränkten sich meine Gartenbesuche im Winter zwar meist auf einen Blick aus dem Fenster, aber dabei erfreute ich mich Tag für Tag an den immergrünen Bestandteilen meines lebenden Zauns. Die Eiben und Stechpalmen trotzten selbst sibirischen Temperaturen und setzten frühlingshafte Akzente in die sonst eher farblose Naturlandschaft.

Im Flachland, wo ich wohnte, glichen die kalten Monate meist einer nebeligen Inszenierung in unterschiedlichen Grautönen. Trauerflorgrau der Himmel, schmutzig grau die Wege, basaltgrau das Schattenbeet, dunkelgrau der Wald, über den Feldern lagen rauchgraue Schleier, und die Stimmung tendierte in Richtung Depressionsgrau.

Von der besinnlichen Postkartenidylle, wo schmucke Häslein bei strahlend blauem Himmel über eine tief verschneite Wiese hoppelten, während im Vordergrund dick vermummte Kinder mit roten Backen und selbst gestrickten Mützen einen Schlitten voller Geschenke zogen, waren wir Hunderte Kilometer entfernt. Bei uns fiel zwar hin und wieder auch Schnee, aber der zerfloss bereits am nächsten Tag zu gräulichem Matsch, während der Himmel seinen Trauerflor monatelang nicht ablegte. Außerdem spielten keine Kinder mehr im Freien, solange daheim das WLAN nicht ausfiel. Kurz gesagt: Zwischen November und März herrschten ringsum recht trübe Aussichten.

Die beiden gigantischen Weihnachtsmänner, die ein paar Häuser weiter an der Fassade hingen, änderten nichts daran. Diese aufgeblasenen Gestalten konnte man beim besten Willen nicht als Augenweide bezeichnen. Derart monströse Dekofiguren passten so wenig zu einer besinnlichen Vorweihnachtszeit wie Ketchup auf einen Christstollen. Ich würde unseren Hof jedenfalls nie mit einem XXXXL-Santa-Claus verschandeln, der beim leisesten Windhauch sein furchtbares ›Ho, Ho, Ho‹ über die ganze Siedlung erschallen ließ. Im Grunde kam das schon einem akustischen Blitzkrieg gleich.

Stattdessen beschnitt ich Eiben und Stechpalmen, um einen dekorativen Türkranz anzufertigen, den ich noch mit einigen Kugeln und Kerzen verzierte und an die Eingangstür hängte. Fertig. Da ich unseren Christbaum bereits vor zwei Jahren erfolgreich ins Freie verpflanzt hatte, weil mir die kurze Lebensdauer gefällter Bäume missfiel, fand ich nur wenige Objekte im Haus, die zu dekorieren sich gelohnt hätte.

Den Katern rote Santa-Claus-Mützen aufzusetzen kam überhaupt nicht infrage. Die hatten Hausverbot, also die Mützen, nicht die Katzen. Blinkende Glitzergirlanden waren nicht so mein Ding, zu viel Plastik, zu viel Bling-Bling, und der Adventskranz, den ich gleichfalls selbst gebunden hatte, musste leider als Sparringspartner für Kater Boris herhalten, was das Gebinde bald so zerfleddert aussehen ließ, als hätte ein Tannenbaum geniest. Überall standen die Zweige hervor, die Nadeln lagen zentimeterdick auf dem Tisch herum, an einigen Stellen war die Struktur völlig zerlöchert, und seine einst runde Gestalt konnte man höchstens noch erahnen.

Nur die Kerzen aus reinem Bienenwachs waren erhalten geblieben, allesamt schief wie der Turm von Pisa.

Ich entfernte die Kerzen und verbrannte den Rest.

Das Wetter rund um die Feiertage präsentierte sich zwar unverändert mit einem dicken Grauschleier, den kein Omo der Welt rauswaschen konnte, doch die mittlerweile gut befüllten Plätzchendosen, die duftenden Tannenzweige, das knisternde Feuer im Kamin und der Blick auf die Vielfalt an Vögeln, die sich in der Hecke und den Futterstellen einfanden, hellten meine Stimmung dennoch auf.

So verlief auch das Weihnachtsfest wie meist recht angenehm. Gemütliche Atmosphäre, warme Stube, feines Essen, guter Wein, träge Katzen und netter Besuch von Freunden ließen die Zeit wie im Flug vergehen. Schon war der letzte Tag im alten Jahr angebrochen. Ich bereitete gerade eine Quiche mit Steinpilzcreme vor, da wir den Abend bei den Borkenfelds verbringen wollten, als mir die beiden Kater auffielen, die mit gesträubtem Fell vor den Wohnzimmerfenstern saßen. Kater Boris vor dem linken, Kater Willi vor dem rechten.

Dass unsere beiden Samtpfoten nicht zu den klimafitten bzw. winterharten Exemplaren zählten, wusste ich natürlich. Vor allem Boris, dem im Sommer kein Baum zu hoch, keine Maus zu schnell und kein Weg zu weit war, um seine Jagdgründe zu durchstreifen, mutierte im Winter zum schlimmst vorstellbaren Sofakleber. Kaum schubste ich ihn durch die Vordertür raus, damit er nicht ununterbrochen schlief, schlich er von hinten wieder rein.

Es schien, als hätte er völlig vergessen, ein dickes Fell zu besitzen. Und wehe, er machte sich versehentlich die Pfoten nass – dann führte er sich ärger auf als nach einer Wolfsattacke. Kater Willi, der wuschelige mit dem langen Haar, war ohnedies ein Energiesparmodell. Ihm konnte die ganze Welt gestohlen bleiben, Hauptsache, die Futterschüssel wurde rechtzeitig aufgefüllt.

Doch nun kratzten beide ganz aufgeregt an den Scheiben. Ich blickte zum Vogelhäuschen. Ein paar Stieglitze pickten an den Körnern herum, der Specht hämmerte ans Holz, auf dem Dach schnäbelten zwei Kernbeißer, weiter nichts. Ein Anblick, den die beiden seit Wochen gewohnt sein mussten. Schon wollte ich mich wieder der Quiche zuwenden, als mir die ungewöhnliche Helligkeit in diesem eher schattigen Bereich des Gartens auffiel. Und gleich darauf stach mir noch etwas ins Auge; ein großer, teilweise von Laub bedeckter brauner Sack, direkt vor meiner wunderbaren Hecke. Nur war das gar nicht mehr meine wunderbare Hecke …

Ich raste nach draußen. Entweder die zwei Becher Glühwein, die ich am Vortag getrunken hatte, entfalteten erst jetzt ihre Wirkung, indem sie mir seltsame Erscheinungen vorgaukelten, oder jemand hatte über Nacht meine Büsche massakriert.

Beide sehr unwahrscheinliche Hypothesen. Die Langzeitfolgen von Alkohol schlugen sich bei den Leberwerten nieder, nicht am Sehvermögen, und Menschen, die nächtens mit einer Motorsäge hantierten, hätten wohl die ganze Siedlung in Aufruhr versetzt.

Keuchend umrundete ich das Haus, glitt beinahe auf einer kleinen Eisplatte aus, schrammte haarscharf an der Totemskulptur vorüber, die ständig irgendwo im Weg herumstand, gab auf den letzten Metern noch mal richtig Gas und kollidierte fast mit dem braunen Sack, der sich auf doppelte Größe aufgebläht hatte und nun langsam auf die Beine kam.

Ich riss beim Versuch einer Vollbremsung beinahe die Befestigungsstange des Vogelhäuschens aus der Halterung. In letzter Sekunde kam ich zum Stehen. Wenigstens hatte die Fliehkraft nicht über die Erdanziehung gesiegt.

Einen Augenblick später hatte auch der Sack eine aufrechte Position erreicht, und wir standen uns Auge in Auge gegenüber, ich und ein Reh. Das Tier wirkte etwas orientierungslos. Vermutlich hatte ich es bei seinem Verdauungsschlaf gestört. Aus großen, glänzenden Augen sah es mich an, das Maul noch voller Stechpalmenzweige, an denen es genießerisch kaute. Dann schlackerte es kurz mit den Ohren, schüttelte sich das Laub vom Fell, gab einen Ton von sich, der wie ein leises Rülpsen klang, und setzte mit einem eleganten Sprung über die Restbestände meiner einstigen Hecke hinweg.

Ich hatte das Nachsehen, und zwar in jeder Hinsicht. Silvestra, wie ich das Tier spontan nannte, hatte fast alle Büsche auf Bonsaigröße geschrumpft, wobei ihr die Zierquitten offenbar am wenigsten geschmeckt hatten.

Eiben und Stechpalmen hingegen hatte sie bodennah abgefressen, die Rosen bis zur Unkenntlichkeit ausgedünnt, an den Kornelkirschen alle Zweige geknickt und so nebenbei noch ein paar Kuhlen in die gefrorene Erde gegraben.

Vor meinem geistigen Auge ploppte unvermittelt ein delikater Rehbraten in Rotweinsoße mit Semmelknödeln und Preiselbeeren auf.

Leider kam diese lukullische Vision zu spät. Silvestra war aus meinem Sichtfeld verschwunden. Was blieb, waren der Rotwein im Keller und einige wertvolle Erkenntnisse für das neue Jahr. So die Einsicht, dass nicht nur Schnecken, Igel und Vögel immun gegen viele Giftstoffe sind, sondern auch Rotwild. Verbunden mit dem Wissen von der enormen Sprungkraft eines Rehs. Schließlich musste das Untier erst einmal in den Garten reingekommen sein, bevor es mit seinem Werk der Zerstörung beginnen konnte. Ein Werk, das es im Übrigen wenige Tage später vollenden sollte. Wo einst eine Hecke war, gab es nun erneut freie Sicht auf die Straße.

Drei Monate lang. Dann war der Boden ausreichend aufgetaut, um einen neuen Versuch zu wagen. Diesmal hatte ich Feuerdorn, Sanddorn und Blutberberitzen gewählt, allesamt Gewächse, deren Spitzen schlimmer als eine Rolle Stacheldraht waren. Das vermaledeite Reh hatte hoffentlich nicht vor, auf Dornröschens Spuren zu wandeln. Und tatsächlich: Die Hecke wucherte ungestört vor sich hin, doch Silvestra hatte ihren Menüplan rasch an die veränderten Bedingungen angepasst. Zuerst verputzte sie das Kaukasus-Vergissmeinnicht, danach fraß sie den Wirsing auf.

Gestatten, Tomoffel mein Name

Epilobium angustifolium schließe ich aus. Dafür sind die Blätter zu breit. Ich denke eher Epilobium hirsutum«, stellte Missis Chlorophyllus fest.

»Kein hirs., könnte Epi. ciliatum sein. Weg damit!!! Total invasiv!!!« Frau_Blume74, gleichfalls eins der über hunderttausend Mitglieder einer virtuellen Pflanzen-Community, versah alle ihre Kommentare mit mindestens drei Rufzeichen. Im echten Leben zählte sie bestimmt zu den Menschen, die den ganzen Tag mit erhobenem Zeigefinger durch die Gegend liefen, dem Gott des Imperativs huldigten und für alles bereits eine Lösung parat hatten, bevor sie überhaupt das Problem begriffen.

»Epilobium tetragonum?« Happygärtner123 war ein Mann und entsprechend wortkarg. Im Gegensatz zu Frau Blume, die unentwegt die Rhetorikkeule schwang, zwang er niemandem seine Meinung auf, sondern hinterfragte sogar die eigenen Ansichten. Wäre er jünger, hätte ich ihn mir gut als Gatten dieser rechthaberischen Domina vorstellen können, doch seine Bilder wiesen ihn als älteren Herrn aus.

»Schon jemand parviflorum gesagt?« Sieglinde Schmidt-Schulze, die wohl wirklich so hieß, denn so ein Pseudonym dachte sich niemand aus, las keine vorherigen Kommentare. Sie brachte sich einfach irgendwo ein, wartete nicht auf Antwort und war Sekunden später schon wieder in der virtuellen Unendlichkeit untergetaucht. Etwas, das ich auch zu tun gedachte.

Es hatte sich wie so oft als schwerer Fehler erwiesen, in einem öffentlichen Gartenforum ein Foto meines prachtvollen Raritätenrondells zu posten.

Voller Stolz hatte ich einer staunenden Community Pflanzen präsentieren wollen, die sie garantiert nirgendwo sonst zu sehen bekämen. Ägyptisches Bilsenkraut, Indische Stechäpfel, blühende Goldkelche, gelbe Tollkirschen, schillernde Strandbohnen, grüner Rizinus und exotische Jaborosen überboten sich förmlich an Exklusivität und Schönheit. Eine fantastische Ansammlung einzigartiger botanischer Preziosen, selbst gezogen, gehegt und gepflegt. Interessanterweise waren oftmals gerade tödlich giftige Gewächse besonders attraktiv, lockten mit verführerischen Düften und dessertellergroßen Blüten, so als wüssten sie, dass niemand freiwillig Hand an sie legen würde. Seine Reize unverhüllt zur Schau zu stellen, ohne begrapscht oder belästigt zu werden, entsprach für uns Frauen dem Idealbild einer Gesellschaft. Stellen Sie sich das mal vor: Sie stehen völlig nackig an einer Frittenbude an, und niemand macht sich diesen Umstand zunutze, indem er handgreiflich wird. Nur weil Sie ein wenig Gift versprühen! Paradiesische Zustände.

Aber egal. Die meisten Community-Members reagierten auf den Anblick der todbringenden Supermodels jedenfalls mit echter Begeisterung und großem Interesse, bis BieneMaja auf meinen Beitrag stieß – und sich auf Fehlersuche begab. Diese virtuelle Haarspalterin hätte sich meiner Ansicht nach gar kein besseres Pseudonym zulegen können. Wenn ich mich recht erinnerte, war das Zeichentrickinsekt ja vor allem nervig gewesen. Ständig hatte es Freund Willi getadelt, gehetzt, besserwisserisch belehrt und dessen Ruhe gestört. Und genau das Gleiche tat auch die Internet-Biene.

»Zwischen Datura metel, Hyoscyamus muticus und Solandra maxima wächst ein Epilobium angustifolium«, hatte sie meinen Beitrag kommentiert. »Das zerstört das Gesamtbild. Schlampige Beetgestaltung.«

Ganz wie das Original. Die Fernsehsuperbiene war in ihrer pädagogischen Vorbildfunktion fleißig vorangeflogen, hatte stets alles richtig gemacht und die anderen mit den Flügeln unbarmherzig auf deren Fehler gestoßen. Ein auf Dauer zermürbendes Verhalten, bei dem einem die letzten Reste von Nächstenliebe abhandenkamen. Schon als Kind hatte ich dieses wichtigtuerische Insekt mit dem Korrektur-Gen gehasst und das Fernsehgerät einfach ausgeschaltet, sobald sie über den Bildschirm flog. Bei ihrem zweibeinigen Pendant gab es diese Möglichkeit leider nicht. Die kam, sah und kritisierte, ohne sich an feste Programmzeiten zu halten. Ich würde dieser personifizierten Mängelrüge mittlerweile zu einer Charaktertransplantation raten. Ein Gartenforum war kein Inquisitionsgericht, bei dem man nach verräterischen Schandmalen Ausschau hielt.

Schließlich bemühten wir uns im Rahmen unserer Möglichkeiten alle um einen hübschen Garten, den wir mit unserem Herzblut gossen, und die Freude, etwas Schönes geschaffen zu haben, die teilte man eben gerne mit Gleichgesinnten. Leider währte die Freude nie lange, wenn Biene-Maja sich einzumischen begann. Nicht die kleinste Unstimmigkeit blieb ihr verborgen. Sie fand immer etwas, das nicht hundertprozentig korrekt war.

Etwa die grüne Plastikgießkanne, die, fast zur Gänze von riesigen Hortensien verdeckt, im hintersten Winkel eines Cottage-Gardens stand und in ihren Augen einen intolerablen Stilbruch darstellte. Oder den Aufdruck »Made in China« auf einer rostigen Heckenschere, die zwischen einem halben Dutzend handgefertigter Holzrechen an einer efeuberankten Scheunenwand hing und in Majas Augen einem dekorativen Super-GAU entsprach. Selbst den wohl genialsten aller Landschaftsgärtner brachte sie fast zum Weinen, als sie auf einem Panoramabild seines mustergültig angelegten Duftgartens unter Hunderten Aromapflanzen einen banalen wie geruchlosen Adlerfarn entdeckte, was ihr gewaltig zum Himmel stank.

Ihr analoges Berufsleben verbrachte diese Spaßbremse bestimmt bei der Spurensicherung oder einem Kontrollorgan der Finanzbehörde, darauf würde ich wetten.

Alles an ihr nervte. Auch ihre pseudowissenschaftliche Marotte, jedes Kind nur beim lateinischen Namen zu nennen.

Gut, sie hatte inmitten meiner toxischen Raritäten ein Weidenröschen entdeckt. Na und? Jeder Hobbygärtner kannte die unglaubliche Fruchtbarkeit von Weidenröschen. Wenn irgendwo irgendwas wuchs, was man nicht selbst gesät oder gesetzt hatte, dann handelte es sich in acht von zehn Fällen um genau diese Nachtkerzenart, die beiden anderen waren vermutlich einjähriges Berufkraut. Immer. Doch im Unterschied zum Berufkraut praktizierten die Weidenröschen eine Art pflanzliche Promiskuität, denn sie trieben es manchmal mit der gesamten Verwandtschaft. Blühende Flittchen, die bei der Wahl ihrer Partner oft keinen Unterschied machten, ob schmalblättrig oder kleinblütig, drüsig oder zottig. Dadurch zeugten sie jede Menge schwer bestimmbarer Nachkommen, sogenannte Hybride, mit den Blättern vom Papa und den Blüten der Mama. Oder umgekehrt. Wen interessierte das schon. Da Weidenröschen weder sehr groß noch sehr hässlich waren, ließ man sie einfach gewähren.

Doch dank BieneMaja war mein harmloses Schaubild zur Basis einer hochwissenschaftlichen Diskussion geworden und, was fast noch schlimmer war, gleichzeitig zu einer moralischen Grundsatzdebatte verkommen, denn während die einen sich die Finger wund tippten, um mein Epilobium-Exemplar exakt zu bestimmen, hatte Frau_Blume74 die Unkrautfrage aufgeworfen und damit die botanische Büchse der Pandora geöffnet.

Was war gut und durfte bleiben, was war böse und musste gehen? Kein Gartenbesitzer, den dieses Thema kaltließ. Da kamen Emotionen hoch wie beim Finale der Fußballmeisterschaft.

Besonders fundamentalistische und politisch korrekte Öko-Freaks verbaten sich umgehend den Begriff »Unkraut«, da dieser eine Abwertung der entsprechenden Art inkludierte. Man müsse stattdessen von Spontanvegetation oder Zierpflanzenbegleitgrün sprechen, wenn überhaupt, denn vor dem Auge Gottes waren alle Pflanzen gleich. Leidenschaftlichen Gartengestaltern stieß dieser egalitäre Ansatz natürlich schwer auf, da sie selbst Schöpfer ihres grünen Reichs waren. Gott hatte da nichts mitzureden. Sie alleine bestimmten, was wo und wann wachsen durfte und was nicht. In ihren Augen galt das Gleichheitsgebot logischerweise nicht. Ein Löwenzahn war nun mal keine Vorgartenzierde, sondern bestenfalls Gemüse. Und das stand in der Hierarchie der Kulturpflanzen ebenso weit unten wie im Ansehen von Grünraumästheten.

Meine Lust auf weiteren Austausch schwand mit jeder Zeile, die ich in den Kommentaren las. Die Leute mutierten zusehends zur Meute, die nur darauf aus war, die gegnerische Weltanschauung argumentativ zu Tode zu hetzen. Als eine gewisse LebeLiebeLache dann auch noch fragte, um welche genaue Art es sich bei Goethes »Röslein auf der Weide« eigentlich gehandelt hatte, beschloss ich, mich aus der Konversation auszuloggen. Dass der Dichter nur ein Röslein auf der *Heide* und nicht auf der *Weide* beschrieben hatte, würde das emsige Fehlersuchbienchen bestimmt umgehend bemerken und entsprechend richtigstellen.

»Alle verrückt geworden«, murmelte ich und klappte mein Notebook zu.

»Wer ist verrückt geworden?« Carola stand neben mir und blickte mich fragend an.

Ich sah zu Boden. Keine Schuhe. Anschleichtaktik. Daher hatte ich sie wieder nicht kommen hören. Ich deutete ihr, sich neben mich zu setzen.

»Ach. Das Gartenforum. Jetzt zerfleischen sie sich wieder gegenseitig, obwohl ich nur ein Foto gepostet habe.«

Sie nickte mitfühlend. Carola hatte sich bereits vor einiger Zeit von der Pflanzen-Community verabschiedet, weil sie als extrem dünnhäutige Person diese ewigen Sticheleien nicht ertrug. Auch sie war Mitglied diverser Foren gewesen. Bis zu dem Tag, an dem sie ganz offen eingestand, Nacktschnecken mittig durchzuschneiden. Damit hatte sie einen Shitstorm der militanten Tierschützer ausgelöst, der wahrscheinlich heute noch tobte.

»Was war denn drauf?«

»Meine Best-of-Auslese böser Blumen. Und ein Weidenröschen.«

»Oh, Epilobium. Hirsutum oder angustifolium?«

Meine Freundin kannte meine Abneigung gegenüber lateinischen und griechischen Pflanzennamen, teilte sie allerdings nicht.

»Epilobium interessiertmichnix.«

Natürlich war die wissenschaftliche Nomenklatur unverzichtbar für Gärtner, Biologen, Heilpraktiker, Homöopathen und Forscher, das leugnete auch ich nicht. Nur so konnten sie sicher sein, von ein und derselben Gattung bzw. Art zu sprechen. Früher hatte ja ein derartiges Durcheinander an unterschiedlichen Bezeichnungen und falschen Zuordnungen geherrscht, dass niemand so ganz genau wusste, mit welchem Gewächs er nun wirklich zu tun hatte. Ein Werk über Heilpflanzen oder Küchenkräuter konnte da oftmals eine ziemlich riskante Lektüre darstellen, falls der Verfasser keine hilfreichen Illustrationen beigefügt hatte.

So stand der Kretische Diptam in keinerlei Beziehung zum biblischen Diptam, der als brennender Busch Karriere gemacht hat, das Gelbe Bilsenkraut hatte sich oft genug als Tabakpflanze entpuppt, und selbst der Apfel, der letztlich den Rauswurf aus dem Paradies zur Folge hatte, war in Wirklichkeit wahrscheinlich keiner gewesen, sondern eher eine Feige oder ein Granatapfel.

Erst der Schwede Carl von Linné hatte im 18. Jahrhundert Ordnung in das begriffliche Wirrwarr gebracht und Pflanzen eindeutige Namen verpasst. Bis dahin mussten die einzelnen Gewächse umständlich beschrieben werden, was immer wieder zu Missverständnissen und Fehlgriffen führte.

Zu einer Zeit, in der es weder Fotografien noch Plant-Apps gab, kein Fernsehen und keine Tageszeitungen, war das heitere Pflanzenraten bei Apothekern, Ärzten und Gelehrten vermutlich Teil ihrer Ausbildung.

Da hieß es dann etwa bei dem berühmten Kräuterkundigen Leonhart Fuchs: »Stickwurtz hat auch vil andere namen. Dan sie würt auch genent Schießwurtz / Raswurtz / Hundskürbs / wild oder Römisch rub / Wilder zitwen / un Teüffelskirß / umb der roten beerlin willen. Der Stickwurtz stengeln wachsen bald hoch / hencken und hefften sich mit jren zincken oder fäden an die zeün / hecken / mauren / stauden / und was sie erreychen mögen …«

Angesichts dieser Beschreibung hat die Stickwurtz vermutlich mit ihren Blättern um sich geschlagen wie Rumpelstilzchen und leise geflüstert: »Ach, wie gut, dass niemand weiß, dass ich Rote Zaunrübe heiß.«

»Du gibst also zu, dass es besser ist, die wissenschaftlichen Namen zu verwenden?«

»Nein, tue ich nicht. Wissenschaftliche Bezeichnungen sind für Wissenschaftler gedacht. Oder für Versandkataloge von Großgärtnereien. Wenn man hundert unterschiedliche Sorten Salbei vertreibt, muss man die natürlich auch unterschiedlich benennen, aber wenn ich im Laden einen Strauß Blumen kaufe, rede ich ja auch nicht Latein oder Griechisch mit der Verkäuferin. Ich suche auch nicht unter Cucurbita pepo subsp. pepo convar. giromontiina nach Rezepten für einen Zucchiniauflauf.«

»Jetzt übertreibst du aber maßlos.« Carola kannte mich. Ich war zwar nicht in der Werbung tätig wie Holger Borkenfeld, doch gewisse Kunstgriffe schienen uns Schreiberlingen in die Wiege gelegt worden zu sein. Ich fand jedenfalls schon als Kind Pilze, die groß wie Wassermelonen waren und erst beim Verarbeiten wieder auf Normalgröße schrumpften. Und natürlich hatte ich derartige Prachtexemplare nie einfach nur bei einem entspannten Waldspaziergang gefunden, sondern hatte dafür mindestens 700 Meter Steigung überwinden und einen riesigen Bären in die Flucht schlagen müssen.

»Die Übertreibung ist ein rhetorisches Stilmittel. Gehört zum Handwerkszeug von Autoren.« Für die Geschichten meiner Gartenbewohner brauchte ich allerdings wirklich keine lateinischen oder griechischen Termini. Es gab keine hundert Sorten Eisenhut, höchstens ein Dutzend, es gab nicht unendlich viele Zuchtformen vom Schierling, sondern genau genommen gar keine, und bei den historischen Heldentaten der Pflanzen hatte man nicht in Unterarten unterschieden. Da war einfach die Rede vom Bilsenkraut, egal, ob Weißes, Schwarzes oder Ägyptisches. Klarheit verschaffte einem letztlich ohnedies die Geografie, da je nach Gegend meist nur eine Variante endemisch war. Zudem spielte es, was besonders potente Inhaltsstoffe betraf, keine Rolle, um welche Art es sich handelte. Dass der rote Oleander geringfügig toxischer war als der weiße und der Wollige Fingerhut mehr als der normale, war nur für Apotheker von Interesse.

»Außerdem finde ich die Trivialnamen weitaus aussagekräftiger. Die spiegeln fast immer den wahren Charakter wider.«

»Na, dann lass mal was hören von deinen Charakterstudien!« Obwohl meine Freundin immer noch barfuß unterwegs war, schien sie besser drauf zu sein als noch vor einigen Tagen. Sie starrte nicht mal den Hummeln aufs Hinterteil, was ich als gutes Omen nahm.

»Nehmen wir beispielsweise den Eisenhut, eine seit Jahrtausenden bekannte Mordwaffe und ein bewährtes Pfeilgift. Die lateinische Bezeichnung Aconitum napellus sagt wenig über sein Wesen aus. Napellus bedeutet Rübe und bezieht sich auf die Wurzelform, die Herkunft von aconitum ist unklar.«

Es stammte jedenfalls aus dem Griechischen und hatte entweder mit einem Hügel bei Pontos zu tun, oder es rührte vom griechischen Adjektiv »akonitós« für unbesiegbar her, oder aber es wies darauf hin, dass die Pflanze auf nacktem Fels wachsen konnte, da das Wort auch staublos bedeuten könnte.

Doch egal, welche Ableitung nun die richtige war, man erfuhr in keinem Fall Genaueres über die Pflanze selbst. Die ganze wissenschaftliche Nomenklatur ähnelte im Grunde einem Adressbuch. Wenn man wusste, dass Herr Otto Maiermüller in München, Gänselieselstraße drei, zweiter Stock,

Tür vier wohnte, dann schloss sich jede Verwechslungsgefahr mit Herrn Otto Maiermüller in Dresden, Am Gänsefuß sieben, erster Stock, Tür zwei, aus. Aber was für ein Mensch Herr Maiermüller aus München war, das konnte man keinem Datensatz entnehmen. Nur wenige Namen, wie eben die Christrose, wiesen bereits in der wissenschaftlichen Nomenklatur auf ihre Eigenschaften hin.

»Aber wenn du weißt, dass man im Volksmund Gifthut, Wolfswurz, Würgling, Ziegentod, Helmgiftkraut, Teufelskappe, Hundstod oder Bösekraut dazu gesagt hat, kriegst du eine gute Vorstellung von den Eigenschaften des Eisenhuts.«

Gefährliche Gewächse konnte man fast ausnahmslos an ihren umgangssprachlichen Namen erkennen. Hatten sie etwas mit Teufel oder Hund zu tun, dann war Vorsicht geboten. Seidelbast wurde auch Teufelsstrauch genannt, seine Beeren Hundsbeeren, die Tollkirsche kannte man auch als Teufelskirsche, und Hundsgiftgewächse waren ähnlich wie Nachtschattengewächse fast alle sehr giftig.

»Also, den Teufel würde ich ja verstehen, aber warum der Hund?«

Diese Frage hatte ich mir wohl selbst schon hundertmal gestellt. Der treueste Freund des Menschen musste in der Vergangenheit unglaublich verhasst und gefürchtet gewesen sein. Man sagte ja heute noch, dass irgendwo der Hund drin sei oder man jemanden einen Hund antun wolle, und in beiden Fällen bedeutete das nichts Gutes.

Carola nickte. »Daher die Hundspetersilie.«

»Genau.« Wenn das auch als Gartenschierling bekannte Kraut ins Essen kam, dann verdarb es einem für alle Ewigkeiten den gesunden Appetit.

»Spannend. Hab ich mir noch gar nie überlegt. Dann heißt das bekömmliche Suppenkraut sicher Magenlieb. Oder Kartoffelfreund. Vielleicht sogar Himmelsgrün.«

»Leider dreimal falsch. Früher war die Petersilie als Geilkraut bekannt. Und die Rotlichtbezirke haben meist Petersiliengasse geheißen. Hat über Jahrhunderte als botanisches Viagra gedient. Gibt so eine alte Redensart, die besagt, Petersilie hilft dem Mann aufs Pferd und der Frau unter die Erd.«

Wegen der extrem durchblutungsfördernden Wirkung des Würzkrauts haben sich Männer eine Potenzsteigerung erwartet, Frauen hingegen Uteruskontraktionen, also einen Schwangerschaftsabbruch. Eine Methode, die in ärmeren Ländern heute noch praktiziert wird und immer wieder für Todesfälle sorgt. Ein ewiger Reigen von Lust und Leid.

»Ach nee. In meinen Kräuterbüchern stand da gar nichts drüber.« Carola wirkte fast ein wenig enttäuscht.

»Vermutlich hast du jugendfreie Ausgaben. Oder die Schattenseiten der Genusskräuter sind der Cancel-Kultur zum Opfer gefallen.« Zweiteres schien mir um einiges wahrscheinlicher. Man wollte den Menschen keine Schauergeschichten auftischen, wenn diese sich lieber den Kopf mit den 1001 Vorzügen von Naturkost vollschlugen.

Gerade das bekannte Suppengrün hatte im Laufe seiner Karriere ja mehr Leichen im Keller gesammelt als Läuse auf den Blättern. Und das nicht nur wegen seiner erhofften Wirkungen auf die Erotik und deren möglichen Folgen. Petersilie zählte noch in ganz anderer Hinsicht zu den absoluten VIPs der Pflanzenwelt, hatte sich trotz seines jahrtausendelangen Promistatus aber nicht gerade mit Ruhm bekleckert.

Schließlich war das Kraut sogar in einen unvorstellbar blutigen Völkermord mit geschätzten dreißigtausend Toten verwickelt gewesen. Nicht einmal neunzig Jahre war es her, als in der Dominikanischen Republik jeder umgebracht wurde, der das Wort Petersilie (span. *perejil*) nicht korrekt mit rollendem »r« aussprechen konnte. Haitianer konnten das nicht. Durch diesen mörderischsten Sprachtest in der Geschichte der Menschheit wollte Rafael Trujillo, der rassistische Diktator der Insel, das Land von diesen in seinen Augen minderwertigen Menschen säubern, was ihm dank der unaussprechlichen *perejil* auch gelang.

Wochenlang war die Petersilie namentlich in aller Munde, bestimmte die Schlagzeilen der Zeitungen und entschied über Leben oder Tod von Zehntausenden Haitianern. Warum ausgerechnet sie und nicht Koriander oder Kerbel, hatte ich nie in Erfahrung gebracht. Aber jedes Mal, wenn ich was über leberschädigende Pyrrolizidinalkaloide erzählte und dabei über die Buchstaben stolperte, was mir oft genug passierte, musste ich an das Petersilienmassaker denken. Ein einziges Wort falsch ausgesprochen – und man war tot. Kein Krimiautor der Welt würde auf eine derart monströse Idee verfallen.

»Kann man sich gar nicht vorstellen«, murmelte Carola betroffen. »Wenn ich da an die letzten Jahre denke, wo man ständig von Quarantäne geredet hat, und jeder Zweite hat das falsch ausgesprochen. Und dann hätte man alle umgebracht, die Kwarantene statt Karantene gesagt hätten. Da wäre heute halb Deutschland unbewohnt.«

Ein guter Vergleich.

Seit ich zum ersten Mal von diesem Massenmord gelesen hatte, fragte ich mich, ob die Petersilie wohl stolz auf ihre Hauptrolle bei diesem Massaker war oder sich eher in Grund und Boden schämte, was ihre lange Keimdauer erklären könnte.

Andererseits konnte ich mir trotz all der menschlichen Züge, die Pflanzen zweifelsohne zu eigen waren, nicht vorstellen, dass sie auch über Moralvorstellungen und ein schlechtes Gewissen verfügten. Hätten sie eins, dann gäbe es keine Misteln, die wie Vampire auf ihrem Wirt hockten und dessen Lebenssäfte absaugten, dabei aber prächtig gediehen.

Die Kanadische Goldrute, ein wucherndes Gewächs mit Migrationshintergrün, müsste vor Schuldgefühlen förmlich eingehen, weil sie die eigentlichen Beetbewohner ungefragt, aber umso hartnäckiger aus deren Wohnung vertrieb. Das Gegenteil war der Fall. Und die Engelwurz, die mehr an einen Elefanten im Porzellanladen als an eine Himmelsstaude erinnerte, kümmerte es gleichfalls nicht, wenn sie ihr gesamtes Umfeld zu einem ewigen Schattendasein verdammte. Ich hatte jedenfalls noch nie gehört, dass sie sich für ihr egoistisches Benehmen entschuldigt hätte.

»Verzeihen Sie vielmals, mein verehrtester Rosenwegerich, dass ich Ihnen das ganze Licht wegnehme. Ich werde sofort aus der Sonne treten.« Nie gehört, nie gesehen, nie passiert. Wer das Pech hatte, in der Nähe der Engelwurz zu wachsen, bekam den blauen Himmel selten bis nie zu sehen. Selbst der Eisenhut gedieh nach wie vor stolz erhobenen Hauptes, ohne auch nur eine Gedenksekunde an all die Opfer zu verschwenden, die dank ihm ins Gras beißen mussten.

Pflanzen bekamen keine Gewissensbisse, da war ich mir fast sicher. Ihnen ging es nur um ihr bestmögliches Überleben. Moral war etwas, das sie sich gar nicht leisten konnten. Also hatte es die Petersilie womöglich doch genossen, wieder mal so richtig im Mittelpunkt des Geschehens zu stehen, auch wenn es nur dank ihres Namens war. Früher hatte man sie zumindest wegen ihrer vielfältigen Inhaltsstoffe hoch geschätzt. Als pflanzlicher Prototyp der kleinen blauen Pillen galt sie über Jahrhunderte als leicht verfügbares Aphrodisiakum, und damit nicht genug, konnte der Doldenblütler aus dem Küchengarten sogar für Ecstasy-ähnliche Rauschzustände sorgen oder einen über den Jordan schicken.

Nicht umsonst wurde das aromatische Gewächs zur Giftpflanze des Jahres 2023 gewählt. Bei einer zu großen Menge an Öl, Blüten oder Samen hörte man, sofern man gläubig genug war, recht bald die Engel singen.

Und ausgerechnet diese in vielerlei Hinsicht hochtalentierte Pflanze hatte man mittlerweile zu einem Dekorationsobjekt für Röstkartoffeln degradiert. Eine Schmach sondergleichen. Kein Wunder, dass die Petersilie sich rächte, indem sie uns Hobbyzüchter länger auf ihre Keimung warten ließ als die DB ihre Fahrgäste. Hatten wir doch alle schon mal erlebt: Man säte sie an, goss die Samen ordnungsgemäß ein – und dann passierte eine gefühlte Ewigkeit genau nichts. Die muss erst nach Rom reisen, um den Papst um Erlaubnis zum Keimen zu fragen, hieß es dann. Was für ein Unsinn. Als würden Pflanzen religiöse Gefühle hegen und abends ihre Blätter falten, um vor dem Einschlafen noch schnell ein Gebet zu sprechen. Was grün war und in der Erde wuchs, kannte nur einen Gott, Chlorophyllus. Und der legte keinen Wert auf irgendwelche Rituale. Petersilie ließ sich mit dem Keimen einfach aus Rache für die aktuelle Geringschätzung so viel Zeit. Vielleicht hatte sie längst die Lust verloren, mit Losern wie Schnittlauch, Dill oder Bergbohnenkraut in einem Atemzug genannt zu werden. Die hatten doch alle nichts zu bieten außer ein wenig Geschmack. Die Hauptzutat stellten sie nie, doch genau das war das Geilkraut über Jahrtausende gewohnt gewesen.

»Und es macht keinen Unterschied, ob krause oder glatte Petersilie?« Mit einem Mal wirkte Carola wieder eher angespannt als entspannt.

»Doch. Die glatte ist besser für Sex, die krause für den Drogenrausch. Aber bitte probier das nicht aus.«

Sie schüttelte den Kopf, sagte jedoch nichts. Dann wechselte sie abrupt das Thema.

»Ich hab mal irgendwo was über Zombiegurken gelesen, kann mich aber nicht mehr erinnern, worum es da ging.«

Als Ablenkungsmanöver von ihrem auffälligen Interesse an Petersilie war die Zombiegurke gar nicht schlecht gewählt. Weniger einfallsreiche Menschen hätten einfach eine Bemerkung über das Wetter gemacht, ein Thema, das bei Gartenbesitzern immer gut ankam. Die meteorologischen Bedingungen stellten neben Nacktschnecken, Maulwurfsgrillen und Mehltau ja ein weiteres permanentes Katastrophenszenarium dar, denn ideal waren sie nie. Es gab nur zu heiß, zu kalt, zu nass oder zu trocken.

Insofern hatte Carola selbst bei ihrer kleinen Notlüge ein kluges Köpfchen bewiesen. Daher respektierte ich die kleine Ausflucht und griff bereitwillig nach der Zombiegurke. Ihre Beweggründe würde sie mir früher oder später bestimmt anvertrauen.

»Stechäpfel hat man so genannt, weil sie dich in korrekter Dosierung willenlos und gefügig machen. Früher hat man sie deshalb als K.-o.-Tropfen verwendet, um Frauen leichter ins Bett zu kriegen. Notgeile Männer sind leider keine Erfindung der Neuzeit.«

Meine Freundin zuckte zusammen.

»Alles in Ordnung mit dir?«

»Geht so. Aber lass uns weiter über komische Namen reden, das lenkt mich von Klaus ab.«

»Sag jetzt nicht, du glaubst immer noch, dass er eine andere hat?«

Ich konnte mir Carolas Mann einfach nicht als Fremdgänger vorstellen. Dieser Mensch war doch nahezu prädestiniert als Versuchsobjekt für die Wachkomaforschung.

»Ich glaub es nicht, ich weiß es.«

»Wie? Was?« Ich hatte mich wohl verhört.

»Ich hab gestern endlich eins seiner geheimen Telefonate mithören können. Also zumindest die letzten Sätze. Und da ist es um ein Treffen gegangen. Morgen um sieben trifft er sich mit einer Eva-Maria, die ein absoluter Schatz sein soll.«

»Dafür gibt es bestimmt eine ganz harmlose Erklärung.«

»Ich werde es ja hören. Er sieht sie nämlich im Café direkt neben der Kanzlei. Und ich werde auch dort sein.«

»Mit Schuhen hoffentlich?«

Auf die Schnelle war mir tatsächlich keine geistreichere Erwiderung eingefallen. Carolas Gatte, der kurz vor der Hochzeit seiner jüngsten Tochter mit einer Eva-Maria herummachte. Nein. Dieser Mann war kein Weidenröschen, obwohl seine schlaksige Figur und die Hühnerbrust durchaus Ähnlichkeit mit einem hätten.

Dann machte sich mein kriminalistischer Instinkt bemerkbar.

»Caro. Wenn man jemanden betrügt, dann in einem Bett und nicht an einem Kaffeehaustisch.«

»Vielleicht eine Art Advokatenvorspiel. Was weiß ich.« Leise gestand sie ein, in letzter Zeit ziemlich unter sexueller Abstinenz gelitten zu haben.

Daher also das gesteigerte Interesse an Petersilie. Aber ich weigerte mich immer noch, Klaus eine Affäre zu unterstellen. In Filmen oder Büchern mochte der Biedermann durchaus selbst zum Brandstifter werden, doch der Mann meiner Freundin spielte eher mit einer Modelleisenbahn als mit Feuer.

»Lass uns erst mal schauen, was morgen in dem Café passiert. Und dann reden wir weiter. Bis dahin halte ich ihn für unschuldig.«

»Aber …«

»Kein Aber. Wir drehen jetzt mal eine Runde durch den Garten.«

Als Auslassventil für schlechte Gedanken funktionierte der Anblick blühender Beete fast immer. Bei den Sonnenhüten sah Carola schon etwas weniger vergrämt aus, beim Akanthus entspannte sie sich noch mehr, bei der Mandelblättrigen Purpur-Wolfsmilch war sie wieder ganz die Alte.

»Menschen haben ja total oft Blumennamen. Jasmin, Rosa, Lilly, Flora, Yves, Oliver. Die Kathi, meine frühere Kollegin, hat ihren Sohn sogar Oleander getauft. Gibt's das umgekehrt eigentlich auch? Pflanzen, die nach Menschen heißen?«

Klar gab es die. Es existierte eine Knollenbegonie, die zu Ehren des grausamen nordkoreanischen Diktators Begonia tuberhybrida Kimjongilia benannt wurde. Tausende dieser Pflanzen mussten an dessen Geburtstag blühen, während das Volk hungerte. Nach dem ehemaligen Präsidenten der USA, Barack Obama, hat man hingegen nur eine Flechte getauft, nach seiner Frau Michelle zumindest eine Orchidee. Auch die langjährige Kanzlerin Angela Merkel durfte in Singapur Namenspatin für eine dieser exotischen Schönheiten sein, nämlich Dendrobium Angela Merkel. Da es mittlerweile an die tausend Gattungen mit fast dreißigtausend Arten von Orchideen gab, mussten immer wieder neue Namen vergeben werden.

Allerdings waren es die Rosen, die mit den nobelsten Bezeichnungen prahlen durften: Kardinal Richelieu, Jeanne d'Arc, Archiduchesse Elizabeth d'Autriche, Charles Darwin, ja, sogar Heidi Klum, Catherine Deneuve und natürlich Prinzessin Diana fanden sich darunter. Niemals würde man ein Stiefmütterchen so benennen oder eine Schwertlilie. »Weißt du, was komisch ist?«

»Eine Orchidee, die Merkel heißt.« Carola hatte ihr Lächeln wiedergefunden.

»Ja, das auch. Meine ich aber nicht.«

Weitaus seltsamer fand ich es, dass die Rosen zwar allesamt vornehme Schreibnamen trugen, aber keinen einzigen Rufnamen. Im Unterschied zu Geilkräutern, Butterblumen, Zombiegurken, Seelenzier, Liebesapfel, Christusdorn, Wunderbaum oder Mauerpfau existierte kein mir bekannter Trivial- oder gar Spitzname für die stolze Königin der Blumen. Oder wie die amerikanische Schriftstellerin Gertrude Stein schrieb: »Eine Rose ist eine Rose ist eine Rose.« Punkt. Mehr nicht.

Über Jahrtausende hat man ihr weder einen ausgeprägten Charakter noch einen herausragenden Nutzen angedichtet, sie war einfach da – und herrschte. Eine echte, nachvollziehbare Begründung für ihre Krönung zur Königin der Blumen konnte man allerdings nirgendwo lesen. »Wegen ihrer Schönheit«, hieß es seit Jahrtausenden. Selbst Walahfrid Strabo, Dichter, Botaniker und Abt des Klosters Reichenau im 9. Jahrhundert, konnte sich keinen Reim auf sie machen. Auch ihm galt die Rose als Blume der Blumen, doch wie sehr ihre duftenden Öle bei der Behandlung sterblicher Menschen Nutzen brächten, wusste er gleichfalls nicht zu sagen. Als ob andere Pflanzen nicht auch schöne Blüten hätten. Und was den Stolz betraf, den man dieser stacheligen Aristokratin nachsagte, mit dem war es meiner Ansicht nach gar nicht weit her. Schließlich gab es heutzutage Myriaden an Zuchtformen, weil auch Rosen sich bereitwillig mit Hinz und Kunz paarten. Versuchen Sie das mal mit einer Zaubernuss oder dem Schneeglöckchen. Die lassen sich nicht mit jedem ein.

Je länger ich über die Sonderstellung der dornigen Duftsträucher nachdachte, desto besser verstand ich den Groll der übrigen Gartenbewohner. Wie musste sich eine Buckel-Fetthenne neben dieser blumigen Noblesse fühlen? Wer mit diesem Namen geboren wurde, litt ja bestimmt schon vom frühesten Keimalter an unter Minderwertigkeitskomplexen. Klein, fett und dann noch ein Buckel, da wollte man der ganzen Welt nur noch den Rücken kehren. Das hatte die unglückliche Fetthenne vermutlich auch getan, denn mittlerweile stand sie auf der Roten Liste der gefährdeten Pflanzen. Ein ähnliches Schicksal ereilte die Verarmte Segge, die so arm war, dass sie in Deutschland heute als ausgestorben gilt. Und der Taumel-Kälberkropf oder die Stinkende Nieswurz stellten sich wohl auch nicht gerne namentlich vor.

Da war mir Klaudia, die »Hinkende«, noch lieber. Das war immerhin besser, als Kashilde Klumpfuß oder Heraldine Hängebusen zu heißen.

Carola bekam einen Lachanfall. »Deine Fantasie möchte ich haben. Warum erfindest du nicht mal neue Pflanzen? Eine schokoladige Weinartischocke? Gestreifte Fingerhüte? Oder pechschwarze Salatköpfe, die die Schnecken im Finstern nicht sehen? Und dann gibst du ihnen noch ganz lustige Namen. So wie bei den Pilzen. Die tragen ja alle so witzige Bezeichnungen.«

»Wenn ich was erfinden würde, dann eine fettabsaugende Riesenkannenpflanze mit Massagehärchen, Whirlpool-Funktion und Nektar, der nach Erdbeermarmelade schmeckt.

Und die würde ich dann Wellnessige Weibswunderpracht-scharte nennen.«

In Wahrheit genügte mir meine Arbeit als Autorin völlig, die beanspruchte meine Erfindungsgabe genügend oft über Gebühr. Und wenn ich in den Garten ging, überholte mich sowieso die Realität.

»Komm. Ich stell dir jemanden vor.« Ich zog meine Freundin zu den Hochbeeten. Dort hatte ich einen neuen Bewohner angesiedelt. »Gestatten, Tomoffel sein Name.«

»Was in aller Welt ist das?«

»Eine Tomatenkartoffel. Also obenrum Tomate, untenrum Kartoffel.«

Diese Züchtung gab es wirklich seit einiger Zeit, ein Hybrid, doch da beide Nachtschattengewächse waren, konnte die Paarung funktionieren.

Würde die Tomoffel auch noch große, duftende Blüten hervorbringen und mehrjährig sein, käme sie der eierlegenden floralen Wollmilchsau schon recht nahe.

»Die botanische Quadratur des Kreises? Oder doch eher ein Frankensteinexperiment?« Interessiert besah Carola das zwittrige Gewächs.

Es kicherte.

Carola blickte mich an. Ich wandte mich ab, tauchte tief in das Laub der Tomoffeln ein und tat so, als würde ich Kartoffelkäfer suchen. Ich hatte nicht gekichert, aber gehört hatte ich es auch. Und die Petersilie, die sich von selbst ins Hochbeet eingeladen hatte, wo sie stramm wie Stangensellerie emporwuchs, schwankte verdächtig im Wind, der gar nicht wehte.

»Ich glaub, ich leide langsam unter einer schweren Bathonophobie«, gestand ich meiner Freundin ein.

»Unter waaaas?«

»Bathonophobie. Der Angst vor Pflanzen.«

Carolas makellose Stirn kräuselte sich wie Krepppapier, während erneut das leise Kichern erklang. Es hörte sich höhnisch an, fast schon bösartig.

Ich ergriff meine Freundin am Arm und dirigierte sie zu meiner Lieblingsbank unter dem alten Kirschbaum. Es war an der Zeit, ihr die Wahrheit zu gestehen.

Meine größten Gartenpannen 7
oder
Nicht alle mögen's heiß

Als Steinbock-Frau sagte man mir stets eine ganz besondere Beziehung zum Winter nach. Schließlich hatte ich Anfang Januar knapp nach Sonnenaufgang bei Tiefschnee und arktischen Temperaturen das Licht der Welt erblickt. Und die Geburt stellte ja bekanntlich ein Schlüsselerlebnis dar, das einen für den ganzen Rest seines Lebens prägte, was ich in meinem Fall nicht leugnen konnte.

Ich hatte tatsächlich eine ganz besondere Beziehung zum Winter: Ich hasste ihn. Obwohl ich in einer recht gebirgigen Landschaft meinen ersten Schrei getan hatte und die ersten Ausflüge an die frische Luft vom leise rieselnden Schnee begleitet wurden, lernte ich nie richtig Ski fahren. Viel zu kalt, wenn man fuhr, viel zu nass, wenn man fiel.

Bereits als Kind mochte ich weder Schneeballschlachten noch Schlittenfahrten oder gar Winterwanderungen durch froststarre Wälder, wo Eiszapfen an den Bäumen hingen und der gefrorene Boden bei jedem Schritt Geräusche von sich gab, als würde man ihm sämtliche Knochen brechen. Nein, Steinziege hin oder her, die kalte Jahreszeit war nichts für mich. Zwischen Ende Oktober und Anfang April lief mein Betriebssystem im permanenten Gänsehautmodus, während die Wärmflasche mein ständiger Begleiter war. Entgegen allen wissenschaftlichen Erkenntnissen schützte auch meine Fettschicht nicht vor Kältegefühlen, denn ich fror und fröstelte vor mich hin, unabhängig von der Anzahl an Schokoladenplätzchen, die sich an meinen Hüften zur letzten Ruhe begaben.

Kurz gesagt, ich gehörte zu den Menschen, die Winterfreuden nur vom Hörensagen her kannten. Für mich war das Schönste am Winter die Tatsache, dass er zuverlässig irgendwann abzog. Je früher, desto besser.

Doch kaum kletterten die Temperaturen in den unteren zweistelligen Bereich – Zaubernuss und Christrose begannen zu blühen, die fassadenkletternden Weihnachtsmänner verschwanden auf den Dachböden, und Kater Boris lag nicht mehr rund um die Uhr auf dem Kachelofen herum –, erwachten meine gärtnerischen Frühlingsgefühle aus dem Winterschlaf.

Eilig verbannte ich meterhohe Bücherstapel unters Bett oder auf den Kleiderschrank, räumte Couchtisch und Fensterbänke frei und begann, jeden freien Zentimeter mit Aussaattöpfen vollzustellen. Erfahrungsgemäß verging die Zeit schneller, je wärmer es wurde. Bis Mai mussten aus den winzigen Samenkörnern überlebensfähige Pflanzen geworden sein, die auf eigenen Stängeln stehen konnten und beim ersten Unwetter nicht gleich aus den Wurzeln kippten.

Seit dem Desaster mit dem Frühbeet zog ich meine Gewächse ja vorsichtshalber nur noch im geschützten Rahmen vor, also im Schlaf- und Arbeitszimmer.

Tagelang tat ich nichts anderes, als Samenkörner in die Anzuchterde zu verfrachten, die Lichtkeimer obendrauf, die Dunkelkeimer leicht eingegraben. Nun noch die kleinen Töpfe beschriften, für eine angemessene Kerntemperatur sorgen und das Substrat mit der Ballbrause ausreichend feucht halten.

Dann kam die Zeit des Hoffens, Bangens und Wartens, denn schon im Samenalter zeigten sich die unterschiedlichen Charaktere von Pflanzen.

Da gab es die Schnellentschlossenen wie Taumellolch, Kornblumen, Gurken und Rizinus, die schon nach wenigen Tagen zu sprießen begannen, daneben die langsamen Brüter wie Paprika, Schneckenbohnen (eine Zierpflanze, die ich nur wegen der Holzbienen zog), Lampionblumen, Schierling oder Akelei; und dann gab es die Totalverweigerer wie Tollkirsche, Engelwurz, Eisenhut und Aronstab.

Die Gurken zeigten bereits erste Blüten, der Rizinus, eins der am schnellsten wachsenden Gewächse überhaupt, hatte schon die Höhe einer Weinflasche erreicht, und selbst der Paprika setzte Blatt um Blatt an, doch ein Dutzend Anzuchtschalen blieb weiterhin leer. Also bis auf die darin vergrabenen Samen, die jedoch keinerlei Lebenszeichen von sich gaben.

Rund um die Eisheiligen war es dann so weit. Meine selbst gezogenen Pflänzchen durften in den Garten umziehen, wo sie ihre Sommerresidenzen bezogen.

Als die Gurken erste Früchte trugen und der Rizinus blühte, herrschte in den verbliebenen Anzuchtgefäßen unverändert tote Erde. Dennoch goss ich weiter. Spätentwickler bedurften halt ihre Zeit, sagte ich mir täglich.

Ich hatte mein erstes Buch mit fast fünfzig Jahren geschrieben, Ingrid Noll mit sechsundfünfzig, und Frank McCourt war bereits sechsundsechzig, als er mit *Die Asche meiner Mutter* einen internationalen Bestseller landete. Gut Ding brauchte eben Weile.

Ich wartete. Tage, Wochen, Monate. Paprika, Kürbisse und Trauben wurden reif, die Äpfel bekamen rote Backen, das Laub einen goldenen Schimmer, und die Katzen legten langsam wieder ihr Winterfell an. Als dann auch noch die Kastanien vom Baum purzelten, begriff ich, dass ich auf die Godots im Pflanzenreich wartete. Was nach acht Monaten noch nicht gekeimt war, würde auch in zehn Monaten nicht keimen. Und für den Glauben an Weihnachtswunder war ich ein wenig zu alt. Verärgert griff ich mir die Samenschalen, verstreute deren Inhalt auf die nächstliegenden Beete und räumte die leeren Gefäße in den Schrank für das Gartenzubehör. Danach vergaß ich das Ganze.

Wieder hielt die Kälte Einzug im Land, wieder verfluchte ich mein Schicksal, nicht in den Tropen zu leben, wieder kam ein Röllchen Winterspeck dazu, das auch im Sommer nicht mehr schmelzen wollte, und wieder begann ich im März mit meinen Anzuchtbemühungen. Um die Beete, Rabatten und Rondells mit den mehrjährigen Pflanzen musste ich mich noch nicht wirklich kümmern. Die meisten Gewächse trieben gerade erst richtig aus, und nach einer gleichfalls recht peinlichen Erfahrung beim Unkrautjäten rupfte ich ungewolltes Begleitgrün immer erst ab Mai aus. Dadurch konnte das Risiko von Fehlgriffen enorm verringert werden.

Wie jedes Jahr konnte ich mich nicht sattsehen an den ersten bunten Frühlingsboten. Tulpen, Narzissen, Traubenhyazinthen, Winterlinge und Adonisröschen strahlten mit mir um die Wette, während Hummeln und Bienen fröhlich von Blüte zu Blüte flogen. Gegen April, als die erste Blühoffensive schon fast im Abklingen war, rüsteten sich die Beete für Schachblumen, Kaiserkronen, Goldlack und Lerchensporn, doch auf einmal kam deren Wachstum ins Stocken. Die Kaiserkrone, eine meterhohe, imposante Pflanze mit majestätischem Gehabe, zeigte gar keinen imperialen Wuchs mehr. Richtig magersüchtig und schwächlich schob sie sich aus der Erde und fiel beim ersten Windhauch um.

Der Lerchensporn ließ sich überhaupt nur kurz blicken, bevor er wieder in der humosen Unterwelt verschwand, Schachblumen und Goldlack bekam ich gar nicht zu sehen. Dafür drängten nahezu über Nacht Dutzende Emporkömmlinge ans Tageslicht, breiteten sich in Windeseile aus, verdrängten andere Keimlinge und stahlen ihnen die Nährstoffe. Starke, kräftige Pflanzen, die aus dem Nichts gekommen waren und die auch keinerlei Ähnlichkeit mit den üblichen »Verdächtigen« (um keinesfalls das verpönte Wort *Unkraut* zu verwenden) aufwiesen.

Dennoch, irgendwie kamen mir die ungebetenen Gäste bekannt vor. Solche Blattformen und Grüntöne hatte ich schon oft gesehen, nur wann und wo, wollte mir einfach nicht einfallen.

Bestimmt kennen Sie dieses Gefühl an der Supermarktkasse oder beim Friseur, wenn Ihnen das Gesicht einer anderen Kundin ziemlich vertraut erscheint, Sie es aber nicht zuordnen können, während besagte Person freundlich grüßt, sich nach dem Befinden Ihrer Familie erkundigt und fragt, ob die Autowerkstatt endlich das Problem mit der defekten Kraftstoffanzeige lösen konnte. Momente voller Peinlichkeit. Dann versucht man, sich mit nichtssagenden Allgemeinplätzen schnellstmöglich aus der Affäre zu ziehen, bis einem – üblicherweise dann, wenn die rätselhafte Person bereits gegangen ist – endlich in den Sinn kommt, mit der Ordinationsassistentin vom Tierarzt oder dem Schornsteinfeger gesprochen zu haben.

Genauso erging es mir mit den mysteriösen Neuankömmlingen in den Beeten und Rabatten der Frühblüher. Kein Giersch, keine Quecken, kein Weidenröschen und keine Nachtkerzen, auch kein Buchweizen und definitiv keine Brennnesseln. Wobei ich Brennnesseln mochte und fast immer stehen ließ. Die schmeckten mir hervorragend und den Schmetterlingsraupen auch.

Getreu meinem Vorsatz, keine Spontanvegetation mehr zu entfernen, bevor deren Identität nicht hundertprozentig geklärt war, beschloss ich, den Eindringlingen ein kurzfristiges Bleiberecht zu gewähren. Zumindest bis ich wusste, mit wem ich es zu tun hatte. Mehr als Hartz IV gestand ich ihnen allerdings nicht zu. Da sie meine Frühblüher verdrängt hatten, hatten sie höchstens die Notversorgung verdient.

Tag für Tag stand ich nun davor, ich Tor, und war nicht klüger als zuvor. Diese Blattformen, diese Grüntöne, verdammt, die hatte ich schon Hunderte Male gesehen? Aber was für Bäume und den Wald galt, galt offensichtlich auch für Pflanzen. Vor lauter Garten sah ich sie nicht mehr richtig.

Litt ich vielleicht unter einer spezifischen Form präseniler Demenz, die nur botanische Belange betraf? Sollte ich erneut meinen halben Freundeskreis zu einem weiteren Keimblattraten einladen? Nein! Diese Blöße wollte ich mir nicht schon wieder geben. Die zahlreichen Apps, die angeblich jedes noch so seltene Gewächs bestimmen konnten, scheiterten erfahrungsgemäß, solange die Pflänzchen noch in den Kinderschuhen oder besser -wurzeln steckten. Wieder so ein Fall, wo die unvorhersehbare Natur mir nur zwei Möglichkeiten ließ: Regen oder Traufe. Entweder ich vernichtete die ungebetenen Gäste und stellte Wochen später fest, ganz seltene Exemplare ausgerissen zu haben, oder ich ließ sie auf Kosten der angestammten Beetbelegschaft weiter wuchern, um irgendwann zu bemerken, dass ich Stachelmohn und Schaumblüten zugunsten von Gilbweiderich oder Flügelknöterich geopfert hatte. Beide schlechte Optionen. Also ließ ich den Fremdlingen schweren Herzens eine weitere Woche Galgenfrist, bevor ich sie ins blumige Nirwana, sprich, auf den Kompost werfen würde.

Drei Tage später war es dann ausgerechnet mein Mann, der in mir den Funken der heiß ersehnten Erkenntnis entzündete. Er saß wie so oft tief über sein Kreuzworträtsel gebeugt, während ich mit einem Glas Wein in der Hand dem

Raunen und Wispern der Pflanzen lauschte. Die meisten von ihnen gingen ja ziemlich früh schlafen, doch ein paar wurden gerade erst richtig wach. Nachtkerzen, Engelstrompeten, Ziertabak und Mondviolen waren Geschöpfe der Dunkelheit, die ihre Blüten erst spät öffneten, dafür oftmals einen betörenden Duft verströmten. Wenn man sich ganz leise verhielt und unbeweglich auf seinem Stuhl saß, dann konnte man manchmal hören, wie sie miteinander tuschelten. So wie jetzt.

Doch dann fragte Franz mich unvermittelt, ob ich den Namen einer Pflanze wüsste, die man nach einer griechischen Göttin benannt hatte, weil beide dafür bekannt waren, den Lebensfaden der Menschen durchzuschneiden. Elf Buchstaben, deutsche Bezeichnung.

Tollkirsche, Atropa belladonna, antwortete ich, ohne lang nachzudenken. Atropos hatte die todbringende griechische Schicksalsgöttin geheißen, die als Taufpatin für das ebenso tödliche Hexenkraut fungierte. Genau das war es. Tollkirschen! Die grünen, seltsam bekannten Blätter in den Beeten gehörten garantiert ihnen.

Ich griff mir eine Taschenlampe und sprintete in die Dunkelheit. Tatsächlich. Neben, zwischen und statt der Frühblüher machten sich überall diese Hexenkräuter breit. Somit war ein Rätsel gelöst, dafür tat sich ein neues auf.

Wie in aller Welt waren die Tollkirschen überhaupt hierhergekommen? Es gab weit und breit keine wilden Exemplare, deren Samen irgendwelche Vögel hätten verschleppen können. Davon abgesehen, betrugen die Chancen, dass Dutzende Vögel gleichzeitig Dutzende Samen auf vier Quadratmeter Bodenfläche fallen ließen, etwa eins zu einer Trilliarde. Außerdem waren diese Sträucher erklärte Einzelgänger, die im Wald ihr unauffälliges Dasein fristeten und sich in meinem Garten nie wirklich wohlgefühlt hatten.

Die halbe Nacht lag ich wach und dachte nach. Die einzig mögliche Erklärung fand ich dennoch erst am Morgen, nach der zweiten Tasse Kaffee und meiner morgendlichen Kontrollrunde mit Kater. Die Samen!

Ich hatte doch im Vorjahr jede Menge Tollkirschen und dazu noch andere Giftlinge gesät, aus denen nie etwas geworden war, weshalb ich die Anzuchtgefäße letztlich in die Beete geleert und vergessen hatte. Und nun, zwölf Monate später, waren sie gekeimt. Irgendwas musste da passiert sein. Ich kramte das einzig verbliebene Samentütchen der gelben Atropa belladonna aus der zum Samendepot umfunktionierten Weihnachtskeksdose hervor und las noch einmal ganz genau die Instruktionen. Alles richtig gemacht. Keimdauer zwei bis vier Wochen. Von wegen. Schon wollte ich diese Mogelpackung wieder zurück in die Dose legen, als mir ganz unten ein Schriftzug auffiel, den man ohne Lupe kaum erkennen konnte und den ich deshalb bestimmt nicht gelesen hatte. Diesmal machte ich mir die Mühe, suchte in der Schachtel mit den Kleinteilen nach einem Vergrößerungsglas und studierte das Kleingedruckte. »Achtung Kaltkeimer. Austrieb erst nach Frostperiode«, stand dort.

Ich konnte es nicht fassen. Gab es doch tatsächlich heimische Gewächse, die Kältereize brauchten, um zum Leben zu erwachen. Die Alraune verlangte zwar auch nach einem künstlichen Wintereinbruch, um zu keimen, doch als mediterranes Gewächs genügte ihr schon normale Kühlschranktemperatur. Die Winter im Süden konnte man schließlich nicht mit unseren vergleichen.

Mir lagen derart masochistische Tendenzen, sich freiwillig und nackt arktischen Temperaturen auszusetzen, jedenfalls so fern, dass ich sie auch keinem Samenkorn hätte antun wollen. Stattdessen hatte ich mich um sommerliches Wohlfühlklima mit konstant achtundzwanzig Grad bemüht, ein fataler Fehler. Gut gemeint war halt nicht immer gut gemacht. Nun hatte ich den Salat oder besser gesagt: den Ansturm der Killerpflanzen.

Nach Dutzenden Tollkirschenbabys drängten sich nämlich auch Eisenhüte, Aronstäbe und eine zumindest ungiftige Engelwurz ans Licht, was in Summe etwa hundert Pflanzen auf vier Quadratmetern ergab oder, auf Menschen umgerechnet, einer Fußballmannschaft in einem Tretauto.

Zwei ganze Wochen lang war ich damit beschäftigt, das Durcheinander in den betroffenen Beeten einigermaßen zu entwirren. Wurzeln, Rhizome, Zwiebeln, alles hatte sich heillos ineinander verschlungen, verworrener als jeder Schnittmusterbogen. Ganz beheben konnte ich das Chaos allerdings nie. Deshalb ragte die Engelwurz heute noch wie ein Mahnmal meines gärtnerischen Versagens auf und warf über alles ihre langen Schatten. Doch dank ihr und Konsorten hatte ich Gartengrünschnabel wieder was gelernt.

Alte Arzneimittel: Hart, aber schmerzlich

Ich rechnete mittlerweile ja nahezu täglich mit neuen bösen Überraschungen in meinem einst friedvollen Paradiesgarten. Was mit der Bohne begann, würde womöglich erst mit den Zaunrüben enden. Außer es gelang einem der Putschisten, die Rosen schon vorher vom Thron zu stoßen. Mit einem leichten Grummeln im Bauch und der Gartenschere in der rechten Hand startete ich meine morgendliche Patrouille. Unbewaffnet ging ich längst nicht mehr raus, denn meine Gewächse hatten mich genügend Respekt vor der Natur gelehrt.

Die meisten Leute sahen in Blühpflanzen ja nur unschuldige, hilflose und unterwürfige Geschöpfe, die sich für die Bienen herausputzten und dankbar für ein wenig Sonne, Regen und Blümchensex waren. Harmlose, dekorative Wesen mit engelsgleichem Gemüt, die niemandem ein Leid antaten und friedfertig unsere Augen und Seelen streichelten. Selbst Sigmund Freud, bestens mit den Schattenseiten der menschlichen Psyche vertraut, sah die Botanik in einem allzu lieblichen Licht. Der Anblick von Blumen beruhigte ihn, denn »sie kennen weder Emotionen noch Konflikte«.

Von wegen. In der Flora galten ähnliche Regeln wie in der Fauna. »Liebe deinen Nächsten«, kam da nicht vor. Fressen und gefressen werden traf es schon eher. Pflanzen konnten äußert wehrhaft und gnadenlos besitzergreifend sein. Mit Dornen, Stacheln, Gift oder brennbaren Substanzen hielten sie ihre Feinde auf Abstand, machten sich untereinander die besten Plätze streitig, raubten sich gegenseitig die Nährstoffe oder lebten ganz auf Kosten anderer. Sie konnten kleineren Gefährten den Himmel verdunkeln, mit ihren Wurzeln Tunnelbau betreiben, Millionen Nachkommen zeugen und Samen verschleudern, die noch Hunderte Jahre später keimfähig waren; sie waren Meister im Vortäuschen falscher Tatsachen – fragen Sie mal eine Fliege, was die von den fiesen Fallen des Aronstabs hält –, verführten mit berauschenden Düften, umschlangen einen mit tödlichen Ranken oder durchbohrten Zement, als wäre es Hafergrütze. Nicht einmal banales Gras war wirklich wehrlos. Es wurde zwar ständig nur getreten und massakriert, doch versuchen Sie mal, es zu entwurzeln. Keine Chance. Das krallte sich an seiner Scholle fest wie manche Politiker auf ihren Stühlen.

Wenigstens war sich die Armee aus grünen Halmen ihrer Macht nicht bewusst, die sie aufgrund ihrer Masse haben könnte. Sie marschierten zwar immer wieder in die Beete und Rabatten ein, aber in einer viel zu lockeren Formation. Ein Büschel hier, ein Büschel dort, so gewann man keine Schlacht, geschweige denn einen Krieg. Dafür bedurfte es gebündelter Kräfte.

Auch an diesem Morgen ließ das Gras keine koordinierten Attacken erkennen, es schien tatsächlich eins der wenigen Gewächse zu sein, die der Rose nicht den Rang abwachsen wollten.

In meinen Augen zählten die grünen Stängel ohnedies zu den »Netten«.

Sie wollten zwar ständig mit dabei sein und drängten sich überall dazwischen, egal, ob im Hochbeet zwischen den Salatköpfen, auf dem gekiesten Fußweg zur Streuobstwiese oder in einem Topf mit Duftgeranien, doch echte Revierkämpfe fochten sie niemals aus. Vermutlich ging es ihnen einfach um ein wenig Gesellschaft. Gras zeigte keinerlei Präferenzen oder Berührungsängste, es fühlte sich zwischen Küchenkräutern ebenso wohl wie unter den Gladiolen oder auf bemoosten Ziegelsteinen. Hauptsache, es stand nicht alleine herum. Doch bei aller Aufdringlichkeit wurde es niemals aggressiv. Wenn Löwenzahn, Gänseblümchen oder Gundermann seinen Platz beanspruchten, trat das Gras höflich zurück. Insgeheim träumte es vermutlich von einer Karriere als Golfrasen, wo man täglich gehegt und gepflegt und geschätzt wurde, statt ausgerissen, angemotzt oder aufgefressen zu werden. Dennoch beklagte es sich nie und war auch nicht nachtragend.

Nicht wie die Bohne. »Nimm dir ein Beispiel«, knurrte ich dieses saubere Hülsenfrüchtchen an, das seine Ranken zum gefühlt hundertsten Mal meinem Schlafzimmerfenster entgegenreckte.

Die Bohnen bewiesen echte Kondition, was ihre Aufdringlichkeit mir gegenüber betraf; musste man neidlos anerkennen. Aber ich hatte die Gartenschere. Gegen die half nicht mal ihr stahlharter Wille zur Macht. Schnipp, schnapp, und die Triebe waren ab. Kurz überlegte ich, die Bohne überhaupt in Frühpension zum Biomüll zu schicken, da sie ohnedies keine Schoten mehr produzierte, sondern nur mächtige Ranken, doch das kam mir dann doch etwas zu niederträchtig vor. Eine Chance wollte ich ihr noch geben, bevor ich sie zur letzten Ruhe bettete. Und das sagte ich ihr auch. Verbunden mit dem Hinweis, dass sie ihre grünen Tentakel von meinem Schlafzimmer und allen Gartengewächsen fernhalten sollte, wenn ihr ihr Leben lieb war.

Die Bohne zuckte mit den Blättern. »Mir doch egal«, zischte sie. »Ich hab keine Angst.« Als Beweis ihrer Unerschrockenheit langte sie mir mit einem ihrer verstümmelten Triebe an die Brust. Das ließ ich mir natürlich nicht gefallen und kappte ein weiteres Stück, bevor sie reagieren konnte.

Dann wandte ich mich mit einem schroffen »Ich hab dich gewarnt« ab.

Ganz wohl war mir nicht bei der Sache. Mit großer Wahrscheinlichkeit hatte die Feuerbohne mehr als nur einen Plan A. Irgendwo hatte sie bestimmt schon Dutzende potenzielle Nachkommen gebunkert, die ihre Mission weiterverfolgten und noch giftiger und schnellwüchsiger als die Elterngeneration waren. Oder sie lagerte ihre Samen im Hinblick auf geheime Wahlen des Gartenoberhauptes ein. Mit Bohnen als Stimmzettel hatte man bereits im alten Griechenland gewählt, eine Methode, die in Bulgarien noch im 19. Jahrhundert Verwendung fand und mit der ein Wahlbetrug vorprogrammiert wäre, würde die Hülsenfrucht hier und jetzt das Material für eine Abstimmung liefern. Was hoffentlich nicht der Fall war – ein derart ausgeprägtes Demokratieverständnis traute ich Pflanzen wie gesagt nicht zu.

Wenigstens bei den Hochbeeten, die hinter der Werkstatt im halbschattigen Bereich standen, herrschten keine besorgniserregenden Zustände vor. Gurken und Zucchini wucherten vor sich hin, jedoch in keine exakte Richtung, sie kamen offenbar nur ihrem immensen Bewegungsdrang nach. Mit einem Wasseranteil von über neunzig Prozent fehlte es ihnen ohnedies an Substanz, um Komplotte zu schmieden. Sie investierten ihre Energien gleich den Kürbissen lieber in Riesenfrüchte, mit denen man auf Wettbewerben, in der Nachbarschaft oder auf Social Media prahlen konnte. Jeder Zentimeter mehr an Masse schlug sich in größerem Applaus nieder, etwas, das ich mir auch wünschen würde. Wenn ich an Umfang zulegte, applaudierte höchstens die Verkäuferin eines Bekleidungsgeschäftes, weil ich größere Hosen erwerben musste und dem Laden dadurch ein Umsatzplus bescherte. Dank Joseph Shivers trat dieser Fall zumindest nur alle paar Jahre ein. Dieser Mann, dessen Name heute niemandem mehr geläufig war, hätte meiner Ansicht nach längst heiliggesprochen gehört, denn er hat uns mit Elasthan gesegnet. Ohne dieses dehnbare Gewebe würden wir heute noch bei jedem mehrgängigen Menü ohnmächtig vom Stuhl kippen wie einst die bemitleidenswerten Frauen in ihren Korsetten. Damals war es bereits ein riskantes Unterfangen, sich hemmungslos den Bauch vollzuschlagen oder nach einer zu Boden gefallenen Haarklammer zu bücken. Selbst tiefes Durchatmen stellte seinerzeit vermutlich ein gröberes Problem dar.

Bei meinen Gartenrunden in Shirt und Leggins musste ich jedenfalls oft an Shivers denken. Wenigstens den Nobelpreis hätte man ihm zugestehen müssen. Sein Beitrag zur Befreiung der Frau von ihren Rundungen konnte gar nicht genug geschätzt werden. Was brachten mir Forschungen über asymmetrische Katalyse, eukaryotische Transkription oder die Anisotropien des kosmischen Mikrowellenhintergrunds (gab es überhaupt kochende Aliens?), wenn der Hosenbund drückte und kniff.

Doch Shivers' Erkenntnisse hatten mein Leben nachhaltig verändert. Und zwar definitiv zum Besseren. Ich konnte beschwerdefrei zwei Kuchenstücke hintereinander essen und danach immer noch ohne Erstickungsanfälle in die Knie gehen, um den Kater am Kopf zu kraulen oder die Golderdbeere in Form zu zupfen. An diesem Tag ließ mein schwarzer Begleiter allerdings auf sich warten. Hatte er während der Nacht ausreichend Mäuse erlegt, dann verschlief er sein Frühstück und meine morgendliche Gartenrunde des Öfteren.

Seine Gesellschaft ging mir dann ab. Kater Boris war ein guter Zuhörer, geduldig, vorurteilsfrei und ohne Widerworte. Ohne ihn musste ich Selbstgespräche führen oder mit den Pflanzen reden, wobei sich meine Entgegnungen weitaus freundlicher anhörten als die Kommentare der meisten Gartenbewohner. Jedes zweite Gewächs zeigte bereits revolutionäre Tendenzen und brachte diese auch lautstark zum Ausdruck.

Die Schwertlilien im Blumenrondell beklagten akuten Drehschwindel und forderten eine verbesserte Wohnsituation, der Safran, ein frigides Geschöpf, mokierte sich über das unsittliche Treiben der Schafgarben, auf deren Blüten gruppensexartige Orgien stattfanden, und das Johanniskraut hatte aus Protest über die Geringschätzung, die man ihm seiner Ansicht nach entgegenbrachte, alle seine Blüten abgeworfen. Schließlich habe es mehr zur Aufhellung des menschlichen Gemüts beigetragen als jede Rose, stellte das pflanzliche Gute-Laune-Kraut nicht ganz unrichtig fest.

Je näher ich dem südostseitigen Gartenbereich kam, wo auch die Königin der Blumen beheimatet war, desto größer wurde der allgemeine Aufruhr.

»Blasiertes Pack, präpotente Bastarde!«, keifte die Passionsblume, die eine Vorliebe für Alliterationen hatte und fast alle ihre Kommentare mit »P« oder »B« begann.

Obwohl diese überaus dekorative, betörend duftende Exotin manchmal sogar schmackhafte Früchte hervorbrachte, reichte ihr Ruhm nicht im Geringsten an den ihrer stacheligen Konkurrentin heran. Zudem existierten hundertmal mehr Züchter von Rosen als von Passionsblumen. Von dreißigtausend Sorten weltweit konnte die Exotin nur träumen. Beim floralen Hochadel wurde gekreuzt und verpaart, was die Pollensäcke hielten, um immer neue Hybride zu kreieren. Sogar die Gattin Napoleons hatte sich einst diesem Zeitvertreib verschrieben, der von den anderen Blumen abfällig als Bastardenpraxis und Inzucht bezeichnet wurde.

Auch die eher undekorative Petersilie hielt mit ihrer Missbilligung der vorherrschenden Zustände nicht hinter dem Berg bzw. Beet. »Weg damit. Völlig unnütze Humusfresser!«, konstatierte sie, während ich feststellte, dass das Würzkraut diesmal ganz offensichtlich auf seine Reise nach Rom verzichtet hatte und daheim geblieben war, denn ich erblickte erstaunlich viele giftgrüne Petersilienkeimlinge. Sogar der gekieste Fußweg glich einem Hindernisparcours, denn zwischen den kleinen Steinen ragten Dutzende Gänsedisteln empor und zerkratzten mir die Beine.

Doch weil schlimmer bekanntlich immer ging, stand mir die wahre Tragödie erst bevor.

Hinter dem uralten Holunder, an dem sich ein halber Weinberg emporrankte und dadurch die meisten Pflanzen ringsum vor der ärgsten Mittagshitze bewahrte, hatte ich normalerweise freie Sicht auf meine Rosenbüsche. Diesmal nicht. Die Büsche befanden sich zwar immer noch an Ort und Stelle, doch um sie herum hatte sich ein blickdichter, beinahe meterhoher Wall aus farnartigen Gewächsen gebildet.

»Ich glaub, ich träum«, erklärte ich den Gänseblümchen, da kein anderer Gesprächspartner zugegen war. Vielleicht unterlag ich gerade einer optischen Täuschung. Doch mit jedem Schritt schwand die Hoffnung. Die Fata Morgana hingegen blieb.

Vorsichtig bückte ich mich, um ein Büschel dieser Superspontanvegetation zu ergreifen, ohne mich an den Dornen der Rosen zu ritzen. Farn.

Der Dinosaurier unter den Grünpflanzen. Ich ging noch etwas weiter in die Knie, um auch den Austrieb genau in Augenschein zu nehmen. Eindeutig Farn. Flächendeckend und extrem starkwüchsig. Wie archaische Fächer wogten die sattgrünen Stauden sanft hin und her und ließen dabei ein fast unhörbares, meditatives »Om« erklingen. Machten offenbar auf Buddhisten. Oder sie eiferten Mahatma Gandhi und dessen gewaltfreiem Widerstand nach. Ganz im Stil der heutigen Klimakleber, nur dass die irgendwann wieder abzogen, der Farn jedoch Wurzeln geschlagen hatte.

Und das nicht zufällig, denn ein sonniger, warmer Platz, wie ihn die Rosen liebten, entsprach überhaupt nicht seinen Standortansprüchen. Als alter Waldbewohner liebte Farn es feucht, kühl und schattig. Wenn er freiwillig an eine für ihn so unwirtliche Stelle zog, dann nicht ohne guten Grund, der in diesem Fall wohl auf bösen Absichten beruhte. Auch das altehrwürdige Gewächs wollte die Rose vertreiben.

Aufgrund bestimmter Wurzelausscheidungen könnte ihm das sogar gelingen, ohne hand- bzw. triebgreiflich zu werden. Besonders der Adlerfarn, der größere Bruder des Wurmfarns, galt Wald- und Weidenbesitzern als echtes Feindbild, da die urweltliche Pflanze durch bestimmte Stoffe und lange Schatten wertvollere Gewächse wie Heidelbeeren, Preiselbeeren oder kleine Bäumchen am Wachsen hinderte und für Weidetiere unverdauliche Giftstoffe enthielt. Meiner Meinung nach bestand für ein Übermaß an Feindseligkeit jedoch kein Grund, immerhin richteten Borkenkäfer und Klimawandel wohl größere Schäden an als der Farn, und Tiere hatten im Unterschied zu uns Menschen meist einen unfehlbaren Instinkt bei der Futterwahl. War die Auswahl an Grünzeug ausreichend, verbissen sie sich nur sehr selten in für sie toxische Gewächse. Für die Rosen würde der Farn mit seinen meterlangen schadstoffhaltigen Rhizomen jedoch ein Problem darstellen. Zufällig lungerten diese archaischen Stauden nicht hier herum und riskierten einen Sonnenbrand.

Zur Beweissicherung riss ich ein paar Wedel aus, bevor ich mich ein wenig zu schnell erhob. Abwärtsbewegungen fielen einem unsportlichen Menschen mit Bandscheibenproblemen ja weitaus leichter als Aufwärtsbewegungen.

Runter half einem die Erdanziehungskraft, rauf musste man sie überwinden, um eine träge Masse in Schwung zu bringen. Und genau da passierte es. Kurz bevor ich wieder aufrecht stand, durchfuhr mich ein Schmerz, der sich anfühlte, als würde man mich mit glühenden Schwertern durchbohren. Ich schrie auf. Ein Laut irgendwo zwischen Presswehen, kosmischem Orgasmus und Angriff der Killerwespen.

Meine Lendenwirbel schienen in Flammen zu stehen. Stöhnend, zusammengekrümmt und mit tastenden Schlurfschrittchen schob ich mich wie eine Hundertjährige zurück Richtung Terrasse. Mein Mann war samt Kaffeetasse verschwunden, dafür lag Kater Boris auf der Bank. Hingestreckt in voller Länge, wobei er ungefähr zwei Drittel der Sitzfläche und sämtliche Kissen beanspruchte.

Ich musste mich mit dem ungepolsterten Rest begnügen. Nun gut, gepolstert war ich selbst, also ließ ich mich mit zusammengebissenen Zähnen ganz langsam nieder. Wahrscheinlich sah ich dabei so ungelenk aus wie einer dieser Zirkuselefanten, denen man beibrachte, sich auf ein Podest zu setzen. Nachdem es mir endlich gelungen war, meinen Schwerpunkt in eine tiefere Position zu verlagern, musste ich feststellen, dass Sitzen genauso wehtat wie Stehen oder Gehen.

Das Holz der Bank fühlte sich an wie ein Nagelbrett. Anlehnen ging nicht, aufstehen würde ich wohl auch nicht mehr können. Sollte mein Mann einen Auswärtstermin haben, wäre ich dazu verdammt, reglos auf den Hungertod zu warten. Ich wusste nicht, wo er war. Er hatte nichts gesagt, ich hatte nicht gefragt. Und unsere Handys lagen bestimmt wieder in trauter Zweisamkeit auf dem Küchentisch.

»Fraaaaaaanz!«

Der Kater verzog sich mit einem Satz. Laute Stimmen mit hysterisch-kreischendem Unterton waren ihm zuwider.

Dafür erschien mein Mann.

»Um Himmels willen, was ist passiert?«

»Ich …«

»Warum sitzt du so komisch da?«

Vermutlich hatte ich den perfekten Krümmungsgrad einer Gurke erreicht.

»Ich kann mich nicht mehr rühren.«

»Hexenschuss?«

»Mhm.«

»Verstehe. Der …«

»Sag es nicht! Sag es auf gar keinen Fall. Schweig oder Scheidung!« Ich hatte den Satz ›Der Schuss vergeht, die Hexe bleibt‹ in langen gemeinsamen Jahren schon etwas zu oft gehört.

»Okay, ist ja gut. Aber dann erklär mir zumindest, warum du ein Büschel Grünzeug umklammerst. Hilft das gegen die Schmerzen? Soll ich dir einen Tee draus machen?«

»Nein. Zuerst eine Doppeldosis Mitleid bitte. Danach einen Kaffee und die grüne Salbe aus der mittleren Schublade im Bad.« Ich ließ das Kraut auf den Boden fallen. »Diesem Zeug trau ich nicht. Hat man sich früher bei einem Hexenschuss zwar wirklich auf die Haut geschmiert, aber berühmt wurde es für seinen Kampf gegen Würmer.«

»Regenwürmer?«

»Eingeweidewürmer. Und eine Buttersemmel bitte. Ich hab schon befürchtet, verhungern zu müssen, wenn du irgendwo einen ganztägigen Termin gehabt hättest.«

Franz, der Pragmatiker, sah das natürlich weitaus weniger dramatisch. »Dann wärst du eher verdurstet. Ohne Nahrung kann der Mensch zwanzig Tage überleben.« Eine Sekunde lang streifte sein Blick mein exklusives, aus ausgewählten Kalorien gezimmertes Feinkostgewölbe. »Na ja, vielleicht auch dreiundzwanzig«, meinte er dann und wandte sich zum Gehen.

Unter normalen Umständen hätte ich ihn für diesen Kommentar sofort gegen das Schienbein getreten, doch mein Invaliditätsgrad erlaubte keine ruckartigen Bewegungen. Also tat ich etwas, das ich sonst nie tat. Ich hielt den Mund und setzte seine Äußerung gedanklich auf die Liste der in naher Zukunft noch zu ahndenden Bemerkungen.

Während mein Mann im Haus verschwand, dachte ich wieder an den Farn. Dieser unscheinbare Geselle konnte seinen Stammbaum über 300 Millionen Jahre zurückverfolgen. Noch zu prähistorischen Zeiten wurde er über dreißig Meter hoch, ein gewaltiger Baum, der Flugsauriern vermutlich als Landeplatz oder Eiablage diente. So gesehen führte er heute nur noch ein Zwergendasein, selbst wenn steinzeitliche Adlerfarne auch steinalt werden konnten.

»Da.« Franz war erstaunlich leise zurückgekehrt, stellte Frühstücksgebäck und Kaffee auf dem Tisch ab und reichte mir die Salbe. »Soll ich dich einschmieren?«

Er sollte nicht nur, er musste sogar. Ich ächzte. Die zärtlichste Berührung fühlte sich an wie ein Peitschenhieb. »Das tut höllisch weh.«

»Armes. Aber immerhin kannst du noch fühlen. Das ist besser, als tot zu sein.«

Das war genau die Art von Optimismus, die auf mich stets symptomverschärfend wirkte. Mir fiel aber keine passende Entgegnung darauf ein, daher stöhnte ich noch etwas theatralischer auf.

»Wenn das morgen nicht besser ist, gehst du aber zum Arzt!«

»Mhm.« Ich mochte weder Arztbesuche noch Ischiasschmerzen.

»Versprich mir das!«

»Versprochen.«

Mein Mann wirkte nicht völlig überzeugt. Er kannte meine Vorliebe für Naturheilmittel, ich kannte allerdings auch deren Grenzen.

»Wirklich. Ich gelobe, mit dem Arztbesuch nicht so lange zu warten, bis ich Anrecht auf einen Behindertenparkplatz habe«, beruhigte ich ihn.

Ich wusste ja selbst nur zu gut, dass man bei aller Kritik der heutigen Schulmedizin auch bedenken musste, dass in der Heilkunst früher beileibe nicht alles besser war. Einiges war definitiv schlechter gewesen.

Der Wurmfarn etwa galt als gängiges Mittel gegen Eingeweideschmarotzer und Darmparasiten. Friedrich der Große bezahlte ein hübsches Sümmchen, um seine intestinalen Mitesser loszuwerden, doch bei den meisten Mitteln übertrafen die Nebenwirkungen die Wirkungen, denn für eine exakte Dosierung bedurfte es ungemein viel Fingerspitzengefühl und großer Erfahrung. So auch beim Farn. Abgesehen von dessen abführender Wirkung konnte er sogar Atemprobleme, Sehstörungen und komatöse Zustände hervorrufen. Mehrere Gramm Farnextrakt killten nicht nur Bandwürmer, sondern den Wirt gleich mit.

Die Beschäftigung mit Medikamenten aus der Vergangenheit faszinierte mich jedoch. Immerhin gab es bis vor gut hundert Jahren keinerlei synthetische Heilmittel, weshalb man bei jedem Übel zu einem Kraut greifen musste.

Egal, ob Schnupfen, Sehnenriss, Schwindsucht oder ungewollte Schwangerschaft. Alternativen gab es keine. Vor allem Gicht, Würmer, Wassersucht, Schlangenbisse und Skorpionstiche, Knochenbrüche, Zahnschmerzen und diverse Nachwehen erotischer Abenteuer führten die Krankheitsstatistik zwischen Antike und Neuzeit an.

»Und was haben die Hexen gegen Hexenschuss gemacht? Da hat's doch sicher irgendeinen Zaubertrank gegeben?«

Klar gab es den: Pappelsalbe, das Aspirin und Universalheilmittel früherer Zeiten. Eine Mischung aus Schwarzpappelsamen, Nachtschatten, Bilsenkraut und Schweinefett war ab dem 15. Jahrhundert bis 1938 in Verwendung und wurde auf schmerzende Stellen und Geschwüre aufgetragen. Da die Inhaltsstoffe von Unguentum populi ähnlich denen der berühmt-berüchtigten Hexensalben waren, erhielten die Schmerzpatienten damals sogar des Öfteren eine Flugreise gratis dazu. Die Landung auf dem Boden der Tatsachen stellte ich mir weniger angenehm vor. Bestenfalls kehrten die Schmerzen zurück, schlimmstenfalls hatte man ohne jede Schuld die Inquisition am Hals.

Die Irrungen und Wirrungen von Quacksalbern, Kurpfuschern und manchen Ärzten gingen ohnedies auf kein Leichentuch. Manchmal herrschten seinerzeit ja recht gefährliche Meinungen vor, was medizinische Behandlungen betraf.

So war man vielerorts der Ansicht gewesen, dass man ein kleineres Übel durch ein größeres besiegen könnte, weshalb man oftmals ein Gift durch ein anderes auszutreiben versuchte, ein wenig nach dem Motto: Starb man nicht an der Krankheit, dann halt an der Medizin.

Es wurde sogar angenommen, dass nur Dinge, die ordentlich wehtaten, auch ordentlich wirkten. Manche Rezepturen aus altem Heilbehelfe lasen sich daher wie Auszüge eines Ratgebers für Folterknechte.

Gegen Hämorrhoiden befüllte man eine Schweineblase mit Pulver und Saft vom Alpenveilchen (sehr giftig), und rein in den Allerwertesten.

Um die Monatsflüsse anzuregen, stopfte man Frauen einen Wurzelpfropf der Christrose (sehr giftig) bis an den Gebärmuttermund.

Wer an Fäulnis litt, wurde auf Empfehlung von Hildegard von Bingen mit geflecktem Aronstab (giftig) behandelt, bei Keuchhusten bekam man toxisches Kirschlorbeerwasser (giftig) kredenzt, und im Falle von Syphilis oder Stuhlverstopfung griff man zu Rinde und Beeren vom Seidelbast (sehr giftig). Auch gegen die Gicht, ein seinerzeit sehr verbreitetes Leiden, wurde meist schweres Geschütz aufgefahren, entweder Herbstzeitlose oder Zaunrübe. Lag man dann reglos und halb tot danieder, wünschte man sich wahrscheinlich seine Gichtzehen zurück.

»Hört sich nach qualvollen Zeiten an«, stellte mein Mann fest. Er besaß eine echte Rossnatur, doch manche dieser Mittel und Methoden riefen auch bei ihm Gänsehautfeeling hervor.

»Das waren sie vermutlich schon ziemlich oft«, da musste ich Franz recht geben. »Andererseits hatte man eben keine andere Wahl. Es gab kein Chemielabor und keine Röntgenapparate, keine Krankenversicherung und keine Blutuntersuchungen, da musste man nehmen, was Arzt oder Apotheker einem gaben und was man sich leisten konnte.«

Tatsächlich bewirkten natürliche Heilmittel damals wie heute auch sehr viel Gutes, das durfte man keinesfalls vergessen. Kräuter und Pflanzen halfen bei allen möglichen Beschwerden, konnten einige Medikamente gut ersetzen und erzielten bei Kuren tolle Ergebnisse, sofern man sie richtig anwandte. Das Problem früherer Zeiten lag fast immer in den mangelnden Kenntnissen über die Giftigkeit mancher Pflanzen und deren korrekter Dosierung.

Als Naturheilkundiger benötigte man ein genaues Wissen um die Inhaltsstoffe und Anwendungsbereiche botanischer Wirkstoffe, wobei die »Kräuterhexen« zumindest in der Vergangenheit oft ein weitaus besseres Händchen bewiesen hatten als so mancher Arzt. Viele der heutigen unverzichtbaren Medikamente stammten schließlich aus der Natur oder wurden durch sie angeregt: der Fingerhut als Herzmittel etwa, die Salicylsäure der Weidenrinde als Prototyp des Aspirins oder das Taxol der Eiben in der Chemotherapie.

Dennoch war ich froh, nicht im Mittelalter zu leben. Zwar griff ich nur selten in den Medikamentenschrank, und unsere Hausapotheke war äußerst spärlich bestückt, doch beim Gedanken an einen Zahnarztbesuch oder gar eine Operation konnte ich auf die angeblich so gute alte Zeit ohne zuverlässige Anästhetika gerne verzichten.

»Operationen hat es doch schon in der Steinzeit gegeben. Sogar am Kopf. Und einige Patienten haben sie nachweislich überlebt«, warf mein Mann ein. »Vielleicht hat man denen mit einer Mammutkeule einfach eins übergezogen, damit sie ohnmächtig geworden sind.«

»Eher nicht. Aber bereits vor Christi Geburt bekamen die Patienten Alraunenwein zur Schmerzminderung zu trinken«, erwiderte ich. Später benutzten die Ärzte im Allgemeinen einen Schlafschwamm, der im günstigsten Fall eine narkotisierende Wirkung erzeugte.

Auf diesen Badeschwamm wurden – je nach Verfügbarkeit – Presssäfte von Bilsenkraut, Alraune, Schierling, Tollkirsche, Nachtschatten oder Mohn geträufelt und dem

Kranken vor der Operation auf Mund und Nase gedrückt. Was dann passierte, erinnerte mich stets ein wenig an russisches Roulette.

War der Schwamm zu wenig feucht oder nur Nachtschatten enthalten, der kaum betäubende Wirkstoffe enthielt, dann blieb der bedauernswerte Mensch bei vollem Bewusstsein, während man ihm ein Bein absägte oder ein Loch in den Schädel bohrte. In diesem Fall dürfte die Lärmkulisse beträchtlich gewesen sein.

Hatte es der Arzt zu gut gemeint, dann bekam man von der ganzen blutigen Angelegenheit nichts mit, sondern weilte in süßen Träumen, aus denen man jedoch nicht mehr erwachte. Nur im dritten Fall, bei exakter Dosierung, funktionierte die historische Vollnarkose, und der Patient kam wieder zur Besinnung.

»Das sind ja lauter Giftpflanzen.« Franz musste meinen Ausführungen öfter als angenommen gelauscht haben. Ob aus sporadischem Interesse oder im Hinblick auf seine eigene Sicherheit, würde ich ein anderes Mal erfragen.

»Stimmt. Und früher hat man genau die als Heilpflanzen bezeichnet. Eben wegen ihrer narkotisierenden und schmerzlindernden Wirkung. Bilsenkraut war über Jahrhunderte eine der gängigsten Arzneien überhaupt. Die Leute haben es bei Zahnschmerzen, Krämpfen, epileptischen Anfällen, Asthma, Pocken oder eben als Narkosemittel verwendet und gleichzeitig Ratten, Mäuse und unliebsame Mitmenschen damit vergiftet. Also Gut und Böse in ein und derselben Pflanze.«

Dass damals Arzt, Apotheker und Mörder zu den gleichen Substanzen gegriffen hatten, fand ich immer noch faszinierend. Es gab zwar Unterschiede in der Dosierung und Aufbereitung, jedoch kein Schubladendenken wie heute, wo man die »Giftigen« fürchtete und die »Gesunden« verherrlichte, ohne zu bedenken, dass fast alle Gewächse nette und weniger nette Seiten hatten. Wie wir Menschen auch.

»Aber was haben Leute gemacht, die sich keine ärztliche Narkose leisten konnten? Weil's eben keine allgemeinen Gesundheitskassen gab und keine Mammutkeulen.«

»Dann wurde man angeblich in eine Ohnmacht gewürgt.«

Ein paar Minuten lang gaben wir uns einem gemeinsamen Gruseln hin. Ich musste an die gewalttätige Bohne denken, mein Mann wahrscheinlich an seinen bevorstehenden Zahnarztbesuch, und wie es sich anfühlen würde, wenn er kein Geld für die Betäubungsspritze hätte – keine angenehme Vorstellung. Doch auf einmal grinste er.

»Was ist da jetzt so lustig?« Die einstigen Narkosemethoden boten meiner Ansicht nach wirklich keinen Grund zur Heiterkeit, und wenn doch, dann wollte ich gefälligst mitlachen. Sonst müsste ich glatt annehmen, dass mein Liebster sich auf meine Kosten amüsierte, weil ich immer noch dasaß wie das sprichwörtliche Häufchen Elend, das ausdruckstanzartige Bewegungen vollführte, um von der Semmel abbeißen zu können.

»Ich habe mir gerade vorgestellt, wie die Volkshochschule für Menschen ohne Pflichtversicherung Kurse über ärztlich empfohlene Würgetechniken abhält. Die hätten bestimmt massenhaft Zulauf. Kann man schließlich immer brauchen.«

Mit seinem Bizeps hätte Franz sicher Chancen auf Erfolg, aber ich als Frau würde scheitern. Deshalb mordete ich in meinen Werken auch nur mit Gift. Dafür brauchte ich keine Körperkraft, nur botanische Kenntnisse. So gesehen durfte ich sogar guten Gewissens behaupten, nie physische Gewalt anzuwenden. »Würgen wäre mir viel zu anstrengend«, gestand ich ein. »Außerdem hinterlässt das überall Fingerabdrücke.«

»Ach, so schwer kann das nicht sein. Nicht schwerer, als einen zum Hochbeet degradierten Jugendstilschrank durch den halben Garten zu schleppen.« Ein vorwurfsvoller Seitenblick traf mich. »Außerdem muss ich nur Handschuhe anziehen. Das Einzige, was schwierig sein dürfte bei so einem Würgekurs, sind die Übungsmöglichkeiten. Wird ja keiner freiwillig seinen Hals hinhalten.«

»Ach, das glaube ich nicht. Heutzutage hat man eh diese Dummies. Mit denen übt man doch immer die Herzmassage bei den Erste-Hilfe-Kursen. Früher gab es die aber auch nicht, da hat man medizinische Versuche oft wirklich am lebenden Objekt angestellt.«

»Meinst du echte Menschenversuche?«

»Es kommt ja niemand mit dem Wissen über pflanzliche Bestandteile und deren wirksame Dosierung auf die Welt. Also zumindest kein Mensch. Irgendwer hat das irgendwann bei irgendwem erst einmal ausprobieren müssen. Die Mutigsten vielleicht sogar am eigenen Leib.« Unsere steinzeitlichen Vorfahren hatten mit der aufrechten Haltung nicht automatisch auch botanische Kenntnisse entwickelt, um sich die Natur nebenwirkungsfrei zunutze machen zu können. »Denk mal an die Neandertaler. Da ist der tapfere Jäger hinkend in die Höhle getorkelt, weil ihn ein junges Wollnashorn getreten hat. Und sein steinzeitliches Weib ist sofort vom Bärenfell aufgesprungen und hat dem leidenden Kerl umgehend 0,1 Gramm Bilsenkrautpulver und exakt zwei Teelöffel Weiderindensaft verabreicht, danach schnell Beinwell und Arnika zu einer Salbe verrührt und ihm für einen heilsamen Tiefschlaf auch noch ein Sandwich mit Giftlattich kredenzt? So darf man sich das nicht vorstellen.«

»Tu ich auch nicht. Löffel und Sandwiches hat's damals ja noch gar nicht gegeben.«

Typisch Mann. Immer der Logik nach. »Jetzt sei nicht witzig. Die Steinzeitmenschen haben unter höllischen Bedingungen gelebt. Allein das Klima. Eiszeit. Bei jedem Schritt nach draußen hat man Frostbeulen riskiert. Dazu Angriffe von Riesensäugern und Monsterinsekten. Oder es ist einem ein armdicker Farnwedel auf den Kopf gefallen. Und weil das alles wehgetan hat, hat man die Schmerzen mit jedem Gewächs zu lindern versucht, das gerade greifbar war.«

Franz nickte. Er blickte schon recht angestrengt in die geleerte Tasse, so als wolle er meine weitere Rededauer aus dem Kaffeesatz lesen.

Dabei fand ich die Anfänge der Phytotherapie, also der Pflanzenheilkunde, mörderisch interessant. Jede kleine Erkenntnis hatte man damals bestimmt mit Dutzenden Menschenleben bezahlen müssen, denn manche Fehlgriffe konnte man nur einmal machen.

In grauer Vorzeit etwa, als man begann, sich für Pflanzen zu interessieren, orientierte man sich zuallererst an den Tieren. Was diese fraßen, aß man selbst, was diese bei Verletzungen oder Ungezieferbefall nahmen, nahm man auch. Eine prinzipiell gute Idee mit beachtlichem Restrisiko.

Ich hatte zwar keinerlei Wissen über die genauen Fressgewohnheiten von Mammuts, Wollnashörnern oder Waldelefanten, denn die trieben sich nicht in meinem Garten herum, doch ich wusste aus leidiger Erfahrung, dass Tiere durchaus Giftstoffe verdauen konnten, die für unsereins tödlich waren.

Hirsche hatten sich an meinen mächtigen Eiben im wahrsten Sinne des Wortes schadlos gehalten, das Reh die Stechpalmen abgefressen, Hasen die ganzen Kornraden verdaut, und vielen Vögeln lagen Tollkirschen oder Schierlingssamen überhaupt nicht im Magen. Wegen dieser Unempfindlichkeit einiger Arten gab es sogar »Secondhand-Morde«: Wachtel fraß Tollkirschen, Mensch verspeiste kurz darauf die Wachtel – und landete prompt mit schweren Vergiftungen im Krankenhaus.

Wäre ich in der Steinzeit auf die Welt gekommen, ich wäre wegen all dieser unwägbaren Gefahren garantiert zum ersten historisch verbürgten Höhlenhocker geworden und binnen kürzester Zeit verhungert.

»Und was hat ein Steinzeitweibchen mit Hexenschuss gemacht?«, wollte Franz auf einmal wissen. »Die hatte ja nicht deine medizinischen Möglichkeiten und dazu einen Mann, der Kaffee kocht und Semmeln bestreicht und dich dadurch vor dem sicheren Hungertod bewahrt.«

Der Mann fischte eindeutig nach Komplimenten. Kam bei Löwen immer wieder mal vor. Und ich tat ihm den Gefallen, kraulte seinen Dreitagebart und merkte an, dank seines unübertroffenen Engagements als Sanitäter soeben die wohl weltbeste Buttersemmel aller Zeiten genossen zu haben, ohne die ich garantiert nicht mehr lange überlebt hätte.

Außerdem war ich nicht gezwungen, auf einem Bärenfell zu kauern, mich gegen wahrscheinlich gleichfalls riesige Höhlenspinnen zu verteidigen und auf gut Glück mit mehr oder weniger heilsamen Pflanzen vollgestopft zu werden.

Vielleicht hätten interessierte Mitmenschen mich sogar als Studienobjekt benutzt, um das Potenzial einer botanischen Neuentdeckung zu studieren. Eine Methode, die noch im späten 18. Jahrhundert angewandt wurde: William Withering, der durch eine Kräuterkundige auf die Wirksamkeit von Fingerhut bei Wassersucht gestoßen war, probierte die unterschiedlichen Dosierungen einfach an mittellosen Patienten aus, denen er nichts für die Behandlung berechnete, sodass er jede Menge freiwilliger Probanden zur Hand hatte. Manche seiner zweibeinigen Versuchskaninchen mussten sich erbrechen, manche bezahlten mit ihrem Leben, bei manchen stellte sich keine Wirkung ein, doch viele wurden tatsächlich geheilt. Erst später, als Withering über die exakte Dosis und Art der Verabreichung gut genug Bescheid wusste, um keine tödlichen ärztlichen Kunstfehler zu begehen, behandelte er auch die zahlungskräftigen Kranken.

Verglichen mit früher durfte ich mich im Grunde also nicht beklagen. Ich hatte einen fürsorglichen Mann, ein bequemes Bett, eine gute Hausärztin und ausreichend Fachkenntnisse, um mir alle möglichen botanischen Helfer aus dem Garten zu holen, ohne mich damit zu vergiften.

Die Wissenschaft um pflanzliche Inhaltsstoffe und deren Wirkungen hatte doch beträchtliche Fortschritte gemacht, die Anzahl gut informierter Kräuterpädagogen, Wildgemüseexperten, Naturgärtner und Waldbademeister verdoppelte sich nahezu jährlich und die themenspezifischer Bücher gleich mit. An Fachlektüre und Pflanzenvielfalt mangelte es mir ohnedies nicht.

Theoretisch könnte ich mit der Herstellung von Salben, Tinkturen, Dekokts, Essenzen, Mazeraten oder Hydrolaten in Serienproduktion gehen, praktisch scheiterten alle Versuche, mit verwertbarem Grünzeug mehr als nur Tee aufzubrühen, an meinen feinmotorischen Fähigkeiten.

Mein grüner Daumen war eben ein linker. Manchmal, beim Einsetzen einer Knopfbatterie oder dem Aufhängen eines Wandkalenders, gewann ich sogar den Eindruck, fünf linke Daumen pro Hand zu besitzen. Was die Verarbeitung von Naturstoffen betraf, versagte ich jedenfalls kläglich. Egal, wie sehr ich mich an Anleitungen hielt, meine Salben entbehrten jeglicher Streichfähigkeit. Vorschriftsmäßig angesetzte Tinkturen vergaß ich ungeschüttelt in irgendeiner dunklen Ecke – und davon gab es Hunderte auf unserem Hof –, wo sie gemeinsam mit Einzelsocken und Tupperware-

Deckeln ihr Schicksal beklagen konnten. Beim Ausführen einer Wasserdampfdestillation im Haus einer guten Freundin hätte ich mir um ein Haar schwerste Verbrennungen zugezogen. Einen zweiten Versuch hatte es nicht gegeben, denn die Freundin befürchtete, im Falle eines Gebäudebrands unterversichert zu sein.

Manchmal, an Tagen wie diesen, konnte ich nicht umhin, diese patenten Grünzeuggöttinnen zu beneiden, die jedes noch so kleine Kraut einer ganz großartigen Bestimmung zuführten. Haben Sie bestimmt auch schon mal kennengelernt, diese Frauen, die im Nullkommanichts Duftseifen, Insektenkerzen, Hustensäfte, Wundsalben, Räuchermischungen, Badeöle, Brotaufstriche, Hautlotionen, Kimchis, Ikebana-Gestecke, Kornelkirschensirup sowie drei Sorten Kräutersalz fabrizierten, während sie gleichzeitig mit der Schwiegermutter telefonierten, den Elternabend organisierten und die Wäsche erledigten.

Nun, ich war das Gegenteil davon. Bei mir wuchs neben den Giftlern zwar auch eine große Vielfalt an verwertbarem Pflanzenmaterial, doch bislang hatte die sich – sah man von Schneckenfraß und Maulwurfsgrillenmassakern mal ab – auf ein geruhsames Rentnerdasein freuen dürfen, denn die meisten meiner Gewächse starben an Altersschwäche, also an einem ganz natürlichen Tod. Was hätte ich auch sonst mit ihnen anfangen sollen …

Deshalb hatte mein Garten sich auch jahrelang in Sicherheit gewiegt. Ich mähte nicht oft, jätete zu selten und hatte es gegenüber Karden, Königskerzen und Nachtviolen wohl etwas mit meiner Willkommenskultur übertrieben. Mit der Zeit waren dann immer mehr »Wilde« aus dem Wald und von der Wiese zugezogen, denn bestimmt hatte es sich in der ganzen Nachbarschaft herumgesprochen, dass ihnen bei mir kaum Gefahr drohte. Aus heutiger Sicht musste ich mir eingestehen, meinen Pflanzen viel zu viel Freiraum gewährt zu haben – und nun spielten sie sich auf, als wären sie die Herren ums Haus. Bei besagten Grünzeuggöttinnen passierte das weniger. Die meisten von ihnen legten ein derart autoritäres Auftreten an den Tag, dass sich selbst der Giersch freiwillig von den Wurzeln machte. Wenn über einem ständig das Wiegemesser des Todes schwebte, dann wusste man sich vermutlich zu benehmen. Oder man zog vorsichtig den Kopf ein und verschwand, um anderswo zu wachsen, beispielsweise bei mir.

Womit ich wieder beim Thema wäre: die verheerenden Zustände in meinem Garten. Die Aufmüpfigen wuchsen mir mittlerweile über den Kopf, die Anarchisten untergruben meine Autorität, die Aggressiven gingen mir direkt an die Gurgel, und der Rest lag sich untereinander in den Blättern.

Undankbare Geschöpfe, alle miteinander! Durften in einem Fünfsterneresort wachsen, wurden von hinten bis vorne bedient, gelobt, gestreichelt und gefüttert, und statt ihr schönes Leben zu genießen, führten sie sich auf wie Hyänen im Streichelzoo. Mehr Zucht und Ordnung musste her. Schon vor Jahren hätte ich dafür sorgen müssen, nicht erst jetzt, wo die Lage derart eskaliert schien, dass ich sie mit Sichel und Gartenschere nicht mehr unter Kontrolle bringen würde.

»Morgen bring ich der grünen Bagage aber mal Manieren bei!«, sagte ich und riss Franz dadurch aus seinen Tagträumen. Es war Samstag, da durfte man sich durchaus ein wenig in Gedanken verlieren. Machte ich schließlich jeden Tag.

»Wem?«

»Dem Garten. Ich werde endlich lernen, Nein zu sagen und strikte Grenzen zu setzen. Nulltoleranzpolitik sozusagen. Wer übergriffig wird, muss mit der Todesstrafe rechnen. Das hier ist zwar ein Naturgarten, aber doch kein Dschungelcamp.«

Mein Mann blickte mich zweifelnd an, zog eine Augenbraue hoch und meinte: »Ach?!«

Drei Buchstaben, denen ich genau entnehmen konnte, was er in Wahrheit dachte, sich aber nicht zu sagen traute: dass ich seiner Ansicht nach ohnedies Weltklasse im Neinsagen war, wenn es um Werbeanrufe, Wintersport oder Katzen auf dem Esstisch ging. Und dass ich bei Reiswanzen, Nacktschnecken, Schokoladedieben und Krümelmonstern im Schlafzimmer seit Langem eine eiserne Nulltoleranzpolitik verfolgte. Aber da unausgesprochene Gedanken nicht strafbar waren, verkniff ich mir jeglichen Kommentar.

»Du wirst schon sehen«, erwiderte ich etwas zu schroff. »Gleich morgen früh werde ich so richtig durchgreifen. Schluss mit der Kuschelpädagogik. Wer sich nicht benehmen kann, fliegt hochkant raus. Das Übel gehört schließlich an der Wurzel gepackt, ohne Wenn und Aber und ohne Rücksicht auf Verluste. Die werden sich noch wundern, wie sich das anfühlt, wenn ich mal den Chef raushängen lasse.«

Mein Mann bedachte mich mit einem interessierten Blick, während seine Mundwinkel zu zucken begannen. »Das kann ich mir vorstellen. Sogar ich würde mich wundern, wenn du dich morgen mit Krückstock, schmerzverzerrtem Gesicht und der Elastizität von Bugholz durch die Beete schleppst, um deinen Gartenrevoluzzern zum Jüngsten Gericht zu blasen.«

Mist. Meinen Hexenschuss hatte ich völlig vergessen. Vor lauter innerem Aufruhr und einer bis auf die Kiefermuskulatur absolut reglosen Körperhaltung waren die Schmerzen vorübergehend in den Hintergrund getreten.

Vielleicht sollte ich mich weiter aufregen, das wäre ein komplett neuer Therapieansatz. Gesundärgern statt Krankfeiern. Und, um mein Empörungslevel zu halten, eine partnerschaftliche Prinzipiendiskussion beginnen, die aufregend genug wäre. Doch als hätte Franz nun meine Gedanken gelesen, erhob er sich, um nach dem kochenden Leim zu sehen.

Ich blieb alleine zurück, bis unsere zweite Katze erschien. Kater Willi, die fluffige Dumpfbacke, absolvierte gerade seine tägliche Bewegungseinheit. Völlig unkatzenhaft stapfte er an mir vorüber, blieb stehen, wandte sich um, stapfte zu mir zurück und begann ein Maunzkonzert in Endlosschleife. Wie gesagt, im Dauernerven erzielte dieser Kater olympische Leistungen. In Zeitlupe und unter Schmerzen beugte ich mich hinunter, um dieser notorischen Nervensäge ein wenig das Fell zu kraulen. Der Kater trat zwei Schritte zurück, dorthin, wo meine Hand ihn nicht mehr erreichen konnte, und maunzte weiter, den Blick starr auf die Bank gerichtet. Ich verstand. Noch so ein undankbarer Geselle, der nichts zu schätzen wusste. Es ging dem Kater gar nicht um Zärtlichkeit, er wollte nur partout dort sitzen, wo ich gerade saß. Auf den weichen Kissen, die ich mir nach Boris' Abgang selbst unter den Hintern geschoben hatte. Willis kätzischem Denken zufolge dienten Sitz- und Schlafgelegenheiten ja ausschließlich ihm. Sessel, Sofa, Bank oder Bett hatten stets zu seiner freien Verfügung zu stehen. Ich deutete mit der Hand auf den Platz an meiner Seite, der groß genug für einen Schäferhund war. Allerdings lagen keine Polster drauf. Kater Willi, die Dramaqueen, kam wieder näher, überlegte kurz, sprang schwerfällig auf die Bank und maulte so lange weiter, bis ich mich mühsam von einem der beiden Kissen trennte.

Dann kehrte endlich Ruhe ein, und ich konnte mich gedanklich mit einem neuen Plan befassen. Sobald ich mich wieder ausreichend rühren konnte, würde ich einen Apothekergarten anlegen. So ein nach Vorbild der Klostergärten angelegter Hortus medicus schien mir die ideale Lösung zu sein, um eine vielfältige Natur nach militärischen Gepflogenheiten auszurichten. In diesem oft formvollendeten pflanzlichen Arzneimittelschrank wurden seinerzeit ja nicht nur Duft-, Würz- und Heilkräuter kultiviert, sondern eben auch »heilsame« Giftpflanzen wie Fingerhut, Akelei, Rittersporn, Mohn, Bilsenkraut und Schierling, um alle möglichen Drogen herzustellen. Und damit Arzt und Apotheker nicht versehentlich zum Giftmischer mutierten, durften sich die verschiedenen Gewächse keinerlei Grenzüberschreitungen erlauben. Da hatten die Zuständigen sicherlich ein scharfes Auge drauf. Nicht auszudenken, wenn sich ein Schierling unter die Würzkräuter gemischt oder man statt Pastinaken die Wurzel vom Bilsenkraut ausgegraben hätte. Wäre schlecht fürs Geschäft gewesen. Tote Kunden kauften nichts, vom analogen Shitstorm am Marktbrunnen ganz zu schweigen.

Wobei ich mich lange Zeit gefragt hatte, warum die graue Eminenz der Killerpflanzen, der Schierling, früher überhaupt in vielen Apothekergärten und nahezu jedem Klostergarten kultiviert worden war, bis ich von dessen Ruf als Anaphrodisiakum, sprich Lustkiller, las. Diese Pflanze konnte nicht nur Menschen töten, sondern – so dachte man zumindest – auch fleischliche Gelüste. In der Hoffnung auf absolutes Nullwachstum gewisser Stellen rieben sich Mönche ihr aufmüpfiges Anhängsel damit ein und Nonnen den Busen, ohne zu bedenken, dass Schierlingsgift auch die Haut durchdringen konnte. Eine schmerzhafte Angelegenheit, bei der einem vielleicht wirklich jede Lust verging.

Eine Katze hätte zur Dämpfung des Geschlechtstriebes wahrscheinlich zuverlässiger und nebenwirkungsfreier funktioniert. Etwa Kater Willi, der pausenlos und laut mauzend versuchte, seine Besitzansprüche auch auf das zweite, mir verbliebene Kissen auszudehnen. Ich wies ihn mit ein paar deutlich artikulierten »Nein!« zurecht, doch was eine echte Katze war, die verstand nur, was sie verstehen wollte. Das Gejammer ging ohne Unterbrechung weiter.

Ich zwang mich, dennoch über Apothekergärten nachzudenken. Vielleicht hatte es in den damaligen blühenden Medizinschränken noch keine revolutionären Tendenzen gegeben? Schließlich zählten die dekorativen, hochgezüchteten Blumenköniginnen nicht zur Standardbepflanzung von Arzneigärten, sah man von der Apothekerrose einmal ab, aus der man Wundsalben und Mundspülungen herstellte. Der vorherrschende Konkurrenzneid unter den übrigen Geschöpfen dürfte demnach um einiges geringer gewesen sein. Und die größten Unruhestifter, die Bohnen, hatten ganz gefehlt. Ihre Sympathiewerte dümpelten über Jahrhunderte im untersten Bereich dahin.

Bislang hatte ich ja wenig auf historischen Tratsch und Klatsch oder die antike Gerüchteküche gegeben, doch bei diesen Hülsenfrüchten schien ihr übler Leumund nicht ganz unberechtigt zu sein.

Schon im Altertum gab es ein Bohnentabu, Pythagoras vertrat sogar die Ansicht, Bohnen würden nach Sperma stinken, Menschen wie Tieren schaden und die Seele der Toten beherbergen. Damit nicht genug, schrieb man dem Genuss von Bohnen Schlafstörungen, Sinnesabstumpfungen und Albträume zu, was ich in gewissem Umfang bestätigen konnte. Und selbst der deutsche Minnesänger Walther von der Vogelweide schlug noch ähnliche Töne an: »Waz êren hât frô Bône, daz man sô von ir singen sol? si rehtiu vastenkiuwe! sist vor und nâch der nône fûl und ist der wibel vol wan êrst in der niuwe.« (Welchen Wert hat schon Frau Bohne, dass man sie so besingen muss? Sie ist doch ein rechter Fastenfraß. Vor und nach dem Himmelfahrtstag ist sie faul und ist schon voll Milben, wenn sie noch gar nicht reif ist.)

Nun, das war eine ernste Frage, die nicht leicht zu beantworten war. Ich schätzte die nahrhaften Eisen- und Eiweißlieferanten aus kulinarischen Gründen, doch mit ihrem Charakter konnte ich mich nicht anfreunden. Nächsten Frühling würde ich sie ins Abseits setzen, sie zu einem Bohnenexil hinter einer Bannmeile verdammen, und wenn sie dann erneut für böses Blut statt guter Schoten sorgten – dann aber wirklich ab auf den Kompost.

Meine größten Gartenpannen 8 oder Das gelbe Mysterium

Tomaten, Gurken, Zucchini, Auberginen, Paprika, Kürbisse und Melonen – sie alle teilten mit mir die Liebe zu blauem Himmel, warmen Temperaturen und summenden Bienchen. Die meisten ehemaligen Setzlinge waren nun längst erwachsen geworden und brauchten kein Kindermädchen mehr, das sich von frühmorgens bis spätabends um ihr Gedeihen kümmerte. Die robusteren Arten mit wildwüchsigen Ahnen kamen größtenteils ganz ohne meine Fürsorge aus, nur viele der Nutzpflanzen wollten nach wie vor bemuttert werden. Oft blieben Tomaten und Co. sogar ihr ganzes saisonales Leben lang auf Halbpension im Hotel Mama angewiesen, obwohl ich ihnen stets optimale Wohnverhältnisse bot, mit einem Boden, wie er besser nicht sein könnte. Humos, tiefgründig, voller Regenwürmer und ohne pflanzliche Fressfeinde, sprich Unkraut. Das Problem ihrer Unselbstständigkeit lag am großen Durst, unter dem sie nahezu täglich litten. Zu meiner Freud und ihrem Leid lebten wir in einer Region mit überdurchschnittlich vielen Sonnenstunden und unterdurchschnittlich geringen Niederschlagsmengen. Ich hatte schon Sommer erlebt, wo monatelang kein Regen gefallen war, doch das Gemüse bestand beharrlich auf seinem gewohnten Besäufnis. Und ich ging und goss und ging und goss und ging …

Das Schleppen der schweren Gießkannen bescherte mir einen beachtlichen Zuwachs der Oberarmmuskulatur und brachte mich mehr ins Schwitzen als die saunaartigen Temperaturen, die manchmal bis Ende September anhielten. Aber was tat man nicht alles für gesundes, glückliches Gemüse. Bestimmt hatten auch die Gartengötter vor den Erfolg den Schweiß gesetzt.

Doch auf einmal begann die Gurke, sich dennoch in gelbe Blätter zu hüllen. Einen Tag später hatten auch ihre Früchte die Farbe von Bananen angenommen, und kurz darauf legten Zucchini, Auberginen und Paprika gleichfalls ein Herbstblattkleid an, obwohl es noch ziemlich warm war. Akribisch kontrollierte ich die Erde und suchte alle Pflanzen nach Schädlingen ab, wurde jedoch nicht fündig. Weder Spinnmilben noch Schildläuse oder gar eine Maulwurfsgrillenfamilie ließen sich blicken. Und von Gewächsen, die Gelbsucht bekamen, hatte ich noch nie gehört. Als dann auch noch die ersten Blätter mumienhaft vertrocknet zu Boden fielen, während die herrlichen Früchte vom Fleckfieber befallen schienen, fällte ich eine folgenschwere Diagnose: Mein Gemüse war dehydriert. Eindeutig. Schließlich sollte ein gesunder Mensch täglich etwa drei Liter Flüssigkeit zu sich nehmen. Eine kranke Gurkenpflanze, die noch dazu Dutzende Säuglinge versorgen musste, die schwer an ihr hingen, benötigte da bestimmt um einiges mehr.

Umgehend verdoppelte ich die Gießwassermenge. Und was geschah? Meine Bizepse wuchsen weiter, die Pflanzen leider nicht. Ganz im Gegenteil, ihr Siechtum wurde immer schlimmer. Schon bald ließ die erste Gurke entkräftet ihre Triebe sinken, warf Früchte, Blätter und Blüten ab und legte sich zum Sterben nieder. Ich bekam einen Heulanfall.

Danach schritt ich zur Tat und suchte verzweifelt nach Rat. Panisch konsultierte ich Dutzende Gartenratgeber, Dr. Gugl sowie gärtnerisch versierte Freunde – und erfuhr zum ersten Mal vom gelben Mysterium. Der Gelbstich meiner Pflanzen sei ein sicheres Indiz für zu kleine oder zu große Wassergaben, hieß es. Wie sich das Zuwenig vom Zuviel unterschied, konnte mir allerdings niemand genauer sagen. Feucht war gut, nass war schlecht, und im Zweifelsfalle solle ich das Erdreich eben mit der Hand sondieren. Eine Methode, für die es mir eindeutig an Fingerspitzengefühl mangelte. Egal, wie tief ich mich in den Untergrund grub, am Daumen empfand ich stets eine kühle Trockenheit, am Zeigefinger eine warme Feuchtigkeit, und der Ringfinger votierte unweigerlich für unangenehm durchnässt. Mir blieb die Qual der Wahl: Ließ ich meine Futterpflanzen lieber ertrinken oder verdursten? Ein furchtbares Dilemma.

Tagelang mühte ich mich vergeblich ab, das richtige Mittelmaß zwischen Nieselregen und Sturzbach zu finden – dann tauchte der erste Pilz auf. Mitten im Beet mit den Auberginen. Und ich begriff endlich, dass es höchste Zeit war, das Gießen einzustellen, wenn ich nicht noch mehr Wasserleichen wollte. Schließlich besaß Gemüse keine Schwimmhäute an den Wurzeln, was in meinem Garten ein großes Manko war.

Liebe, Lust und andere Sorgen

Fast eine ganze Woche lang hatte mich dieser verdammte Hexenschuss ans Haus gefesselt. Eine leidvolle Erfahrung, die mir irgendwann sogar Schopenhauer ins Gedächtnis rief.

Vor ewigen Zeiten, als ich noch jung und elastisch war, hatte ich mich während meines Studiums mal mit ihm beschäftigen müssen. Ein philosophisches Jammertal, das zu beackern in keiner Weise der Weltsicht einer Zwanzigjährigen entsprach. Wer außer einem buddhistischen Mönch wollte in diesem Alter schon auf der Verneinung seines Lebenswillens beharren und ausgerechnet den Verzicht auf jegliche Wunscherfüllung zur Maxime allen Handels machen? Niemand. Glauben Sie mir.

Noch am Tag der Prüfung hatte ich deshalb sämtliches Wissen über den deutschen Denker in die geistige Rundablage gekübelt und mir nur gemerkt, dass der ewige Pessimist einen Pudel besessen hatte. Allerdings ohne Kern; den hatte ihm Goethes *Faust* verliehen. Und nun, nach beinahe vierzig Jahren, kam mir Schopenhauers Eudämonologie wieder in den Sinn. Darunter verstand Schopenhauer den Versuch eines glücklichen Lebens, dessen Glück allein in der Abwesenheit von Leid, Schmerz und Unglück bestand. Am zweiten Tag meines hexenschussbedingten Invalidendaseins begann ich, diesen Gedanken ein klein wenig zu verstehen.

Um mich morgens vom Sofa zu erheben, brauchte ich gefühlt mehr Zeit, Kraft und Konzentration als für die Abfassung einer Dissertation über Viruserkrankungen skandinavischer Hochstammgewächse.

Stand ich dann endlich auf zwei Beinen, sah ich aus wie ein Fleisch gewordenes Fragezeichen. Hinten Buckel, vorne Bauch. Und das Schlimmste stand mir noch bevor: gehen. Jeder Meter in die gewünschte Richtung verlangte mir komplexe statische Berechnungen ab, wodurch meine Geschwindigkeit mit bloßem Auge schon fast nicht mehr wahrnehmbar war. Statt des Schrittzählers schlug nur noch der Bewegungsmelder an. Und das auch nicht immer.

Man wurde eindeutig alt, wenn man von einem barrierefreien Haus zu träumen begann. Ein Gedanke, der mich ebenso beunruhigte wie die Vorstellung meines Gartens, der nun komplett sich selbst überlassen war und seine Konkurrenzkämpfe ohne mein Eingreifen ungestört ausfechten konnte.

Die ersten beiden Tage Hausarrest zogen sich jedenfalls dahin wie damals, in meiner Kindheit, als ich vor Weihnachten nicht mehr ins versperrte Wohnzimmer durfte, damit das Christkind in Ruhe den Baum aufputzen und seine Geschenke hinterlegen konnte. Im Unterschied zu früher konnte ich die Wartezeit allerdings nicht durch alle möglichen Aktivitäten im Freien überbrücken. Mir gelang es ja nicht einmal, mein Schlafzimmer im ersten Stock zu erreichen. Allein dafür hätte ich einen Treppenlift gebraucht. Und der Weg ins Badezimmer zur obligatorischen Körperpflege kam mir beschwerlicher vor als jeder Ironman-Wettbewerb.

Klar, ich hätte meine Zeit auch im Haus kreativ, nützlich und gewinnbringend gestalten können. Beispielsweise den Kurzkrimi für diese Frauenzeitschrift schreiben, Ordnung in die Besteckschublade bringen oder dem Wunsch meines

Mannes nachkommen, endlich die Marmeladengläser zu beschriften, damit er im Vorhinein wusste, was er sich auf sein Butterbrot schmierte. Meine Etikette umfasste leider keine Einmachgläser. Außerdem kannte ich den Inhalt der Gläser, hatte sie ja eigenhändig eingekocht, da musste ich nicht noch extra ein Schild draufkleben. Und alle anderen konnten fragen.

Dass ich später oft selbst keine Ahnung mehr hatte und zu einer Art kulinarischem »Was bin ich?« verurteilt war, nahm ich jedes Jahr aufs Neue in Kauf. Ging mir mit etlichen Jungpflanzen ja gleich. Ich grub sie in der festen Überzeugung ein, mir für den Rest meiner Tage zu merken, was ich wohin gesetzt hatte – und auf einmal stand ich vor einem mir völlig unbekannten Gewächs, dessen Herkunft ich mir nicht im Geringsten erklären konnte.

Wahrscheinlich hatte ich im Laufe meines Lebens schon mit derart vielen UHOs (unbekannten Handtaschenobjekten), UKOs (unbekannten Kühlschrankobjekten) und UPOs (unbekannten Pflanzobjekten) zu tun gehabt, dass bei mir längst ein gewisser Gewöhnungseffekt eingetreten war. Im Grunde gab es für alle diese Fälle ohnedies fast immer eine ganz einfache Lösung. Den archäologischen Bodensatz von Damenhandtaschen ließ man einfach drin. Mit etwas Glück kam man im nächsten Leben wieder als Frau auf die Welt und freute sich dann bestimmt über historische Relikte aus der Vergangenheit. Unbekanntes aus dem Kühlschrank hingegen brauchte man nach einer eingehenden Geruchsprobe nur zu kosten. Jeder Gaumen wusste zwischen Himbeer-Holunder-Gelee und einer Chilipaste für die Spaghettisoße zu unterscheiden.

Bei UPOs gestaltete sich die Identifizierung ein wenig komplexer. Im Kindesalter wiesen Doldenblütler oder Nachtschattengewächse oft eine frappierende Familienähnlichkeit auf, der Austrieb von Herbstastern und Kanadischen Goldruten war gleichfalls nicht auf den ersten Blick zu unterscheiden, und die Blätter kleiner Inkagurken konnte man leicht für Hanf, Fingerkraut oder Wasserdost halten. Erschwerend kam dazu, dass Pflanzen Persönlichkeiten hatten und ein Eigenleben besaßen, was bei Fundstücken in Handtaschen oder Kühlschränken nicht der Fall war. Also musste man abwarten, bis sich Kraut und Rüben eindeutig auseinanderhalten ließen. Und dann war es gewöhnlich zu spät, um für eine gerechte Platzverteilung zu sorgen oder unwillkommene Zuwanderer restlos zu entfernen.

Wobei die heutzutage so nett als Begleitvegetation bezeichneten Spontansprösslinge einen weiteren, recht unsympathischen Charakterzug aufwiesen, über den schon der pflanzenkundige Shakespeare Bescheid wusste: »Schöne Blumen wachsen langsam, nur das Unkraut hat es eilig.«

Wegen genau dieser Eigenheit hatte ich vor zwei Jahren den zögerlich sprießenden Diptam versehentlich gemeinsam mit einigen Eschenemporkömmlingen ausgerissen.

Ein fataler Fehler, den ich bis heute bereue. Wo doch gerade ich das Recht auf Selbstbestimmung von kleineren Begleitgrünarten nur in den allerseltensten Fällen beschnitt. Egal, ob Brennnessel, Löwenzahn, Gundermann oder Braunelle, ich ließ sie alle gewähren. Einige schmeckten gut, andere waren heilsam, etliche hübsch, und manche schützten den Boden vor Austrocknung. Nur beim Kriechenden Hahnenfuß oder bei Buchweizen machte ich eine Ausnahme. Die flogen gemeinsam mit den Großformaten wie Karden, Nachtkerzen, Butzenkletten oder Laubgehölzen aus den Beeten raus.

Die Gefahr feindlicher Übernahmen war dadurch aber nicht gebannt, denn neben den üblichen Verdächtigen existierten zehnmal mehr unübliche Invasoren, die sich nicht auf den ersten Blick zu erkennen gaben, sondern sich heimlichtuerisch in der fettesten Erde breitmachten. Deshalb galt es, stets das erste Gartengesetz zu berücksichtigen: Was du nicht kennst, das lass stehen. Erst mit Namen kann es gehen.

Eine Regel, die ich mittlerweile strikt einhielt und die mit ein Grund für die hohe Bevölkerungsdichte meiner Rabatten im Frühling war. Doch die Zeiten hatten sich geändert. Es war nicht mehr Frühling, und ich wusste ganz genau, wie die Unruhestifter dort draußen alle hießen. Ich hatte nur keine Ahnung, was sie in meiner Abwesenheit so alles trieben. Bestimmt suchten die ganzen Putschisten sich gerade gegenseitig mit ihren Leistungen zu übertrumpfen oder mit dem Blattwerk zu überwuchern, je nach Befähigung. Solange ich auf meine Auferstehung wartete und deshalb nicht dazwischengehen konnte, hatten sie ja nichts zu befürchten. Bis auf die Rosen …

Am sechsten Tag war es dann so weit. Mein Körper besann sich des Homo erectus in seinen Genen und erlaubte mir wieder einen menschenähnlichen Gang. Gestützt auf meine Walking-Stöcke schaffte ich es sogar bis zum Tisch im Innenhof. Was für ein wunderbarer Tag. Es blühte, es grünte, es zwitscherte und es knirschte. Das musste der Kies vor der Hauszufahrt sein. Dann hörte ich, wie eine Autotür zuschlug. Da die Kunden meines Mannes oft unangekündigt kamen, achtete ich nicht weiter darauf, bis ich eine mir wohlbekannte Stimme vernahm.

»Wir werden ja sehen, was die liebe Frau Blasl zu diesem ganzen Humbug sagt. Und wehe dir, in dieser absurden Geschichte findet sich auch nur ein Quäntchen Wahrheit.«

»Papa. Sie stimmt aber wirklich. Ich schwöre. Großes Indianerehrenwort.«

»Das sagt man nicht mehr. Das ist kulturelle Aneignung.«

»Was heißt Aneignung?«

»Frag nicht so dumm!«

Kein Zweifel. Vor dem Gartentor stand Hofrat Rüdiger Rottenstein und verbreitete pädagogisch bedenkliches Gedankengut, demzufolge man nicht bestraft wurde, wenn man log, sondern wenn man sich an die Wahrheit hielt. Erinnerte mich an den Aufruhr um gewisse Whistleblower, bei denen manche Staatsmänner es auch lieber gehört hätten, wenn diese statt unangenehmer Fakten Märchen erzählt hätten. Doch für weltpolitisch brisante Enthüllungsstorys waren Rottensteins Söhne viel zu jung. Um Enthüllungen ging es letztlich aber doch, wenngleich von Körperteilen, nicht von Geheimdokumenten.

»Hier. Sehen Sie sich das an!« Statt einer Begrüßung stellte der Hofrat einen Blumentopf auf den Tisch. »Das Corpus Delicti.« Mit spitzen Fingern schob er den Topf etwas weiter in meine Richtung. Seine sonst eher blässliche Erscheinung hatte vor Empörung oder Bluthochdruck eine ungesunde Röte angenommen, die sich mit der blassgelben Farbe seines wie stets perfekt gebügelten Hemdes schlug.

»Was ist damit?«

In dem recht voluminösen Tongefäß befand sich eine zum Teil arg ramponierte Elfenblume. Stellenweise lagen die Wurzeln frei, etliche Stängel waren geknickt, Blätter und Blüten abgerissen. Das Gewächs sah nach Fenstersturz oder Wildschweinattacke aus, aber ich war kein Pflanzenforensiker.

»Das ist das Werk meines Sohnes.«

Er warf dem Jungen, es war der Ältere, einen Blick zu, der Lots Weib zur Ehre gereicht hätte.

Der Bub sah betreten zu Boden, doch ich hätte gewettet, dass ein Lächeln seine Mundwinkel umspielte.

»Zurückschneiden. Und dann am besten wieder in den Garten setzen. Eher schattig«, empfahl ich.

Was hätte ich sonst sagen sollen? Für eine Grabrede sah die Staude noch zu lebendig aus, für Erziehungsmaßnahmen fremder Kinder war ich nicht zuständig.

»Fußball reingeschossen?«, fragte ich den Jungen, der vielleicht elf, höchstens zwölf Jahre alt war. Das würde die Schäden auch erklären.

Der Bub schüttelte den Kopf. Er verkniff sich definitiv ein Grinsen.

»Warum ist die eigentlich in einem Topf?« Elfenblumen als Zimmerpflanzen waren äußerst unüblich. Hatte ich überhaupt noch nie gesehen.

»Das müssen Sie diesen Bengel fragen!« Der Herr Hofrat schnaubte und redete weiter, bevor ich zum Fragen kam. »Meiner Ansicht nach hat es sich nämlich so verhalten, dass der Junge unseren Gotthold Ephraim vergiften wollte. Vorsätzlich, wissentlich und willentlich. Er hat sich nie für ihn interessiert, wollte auch nie etwas mit ihm zu tun haben und hat aus diesem verwerflichen Grund extra so eine Pflanze aufgetrieben. In unserem Garten wächst die nicht.«

Er schnaubte erneut, während ich mein Hirn zermarterte, um einen pubertären Jungen, einen deutschen Dichter der Aufklärung und ein Berberitzengewächs auf einen gemeinsamen Nenner zu bringen.

Bis dahin würde ich mich in Deeskalation üben.

»Na ja, das finde ich nicht so schlimm. Ich bin auch kein großer Fan von Lessing.« Sein *Nathan* war zweifelsohne ein weises Werk, doch sprachlich sicher nicht das, was Kinderohren gerne hörten.

Rüdiger Rottenstein winkte entschieden ab. »Aber nein,

Gotthold Ephraim heißt unsere Schildkröte. Eine europäische Landschildkröte, die mein Vater zu Ehren des Dichters benannt hat. Seit seinem Tod, also dem meines verehrten Vaters, lebt das Tier bei uns, demnach seit«, er dachte ganz kurz nach, »seit exakt einundzwanzig Jahren, vier Monaten und drei Tagen. Kai hat ihn aber nie leiden können.«

»Den Großvater oder den Schildkröterich?« Da sollte sich einer auskennen.

»Gotthold Ephraim natürlich.«

Ich nickte. Wenigstens wusste ich nun auch, wie der Junge hieß. Kai war ein hübscher Name, fand ich, hatte bestimmt die Mutter ausgesucht. So wie ich den Hofrat einschätzte, würde er seinen Stammhalter eher Johann Wolfgang oder Rainer Maria getauft haben.

»Und diesen Gotthold wollte Kai mit Elfenblumen töten? Vorsätzlich?«

Ging mich das irgendetwas an? Wollte der Hofrat mich insgeheim vielleicht zur Verantwortung ziehen, weil bei meiner Giftpflanzenschau keine Elfenblumen auf dem Programm standen? Kam es nicht ständig vor, dass man Haustieren etwas zu fressen gab, was sie nicht gut vertrugen? Ganz ohne böse Absicht? Und wozu eine Schildkröte mit einer kaum toxischen Gartenstaude umbringen? Der Bub war clever, der hätte doch nur ein Loch in den Zaun schneiden müssen oder das Tier im Stadtpark aussetzen können? Wobei ich ihm auch das nicht zutraute. Kai mochte frech und aufmüpfig sein, aber sicher kein Tierquäler.

Sein Vater sah das offenbar etwas anders. »Davon bin ich zutiefst überzeugt. Auch wenn mein Sohn mir eine völlig andere, absolut unglaubwürdige und regelrecht haarsträubende Geschichte auftischen möchte.«

»Und die wäre?« Wenn der Mann nicht bald zum Punkt kam, würde ich einen Schlussstrich unter unsere Unterhaltung ziehen. Absurdes Theater kurz nach meiner körperlichen Auferstehung erschwerte den Genesungsprozess.

»Kai, nun erzähl der Frau Blasl diese hanebüchene Geschichte, die du mir glauben machen willst«, meinte der Hofrat endlich und legte dem Jungen aufmunternd eine Hand auf die Schulter.

»Was bedeutet hanebüchen, Papa?«

Kai wurde mir immer sympathischer.

»Grotesk. Unglaublich. Abwegig. Haarsträubend. Skandalös. Und nun erzähl schon!«

Der Bub sah mich treuherzig an. »Also schuld ist eigentlich unser Biolehrer. Der hat erzählt, dass Schildkrötenmännchen einen Pimmel haben, der aus einer Kloake ausgerollt wird und vorn einen Teller dran hat. Mit der Kloake können sie sogar atmen. Und dann hat der Harry, das ist mein Schulfreund, der hat also gemeint, dass wir ja eine Schildkröte haben und ob ich so einen Tellerpimmel schon mal gesehen habe, und …«

»Penis. Es heißt Penis«, fiel der Hofrat ihm ins Wort.

»Klar, Papa, schon gut. Jedenfalls hab ich dem Harry gesagt, dass ich den Pi…, also den Penis auch noch nie gesehen hab, und weil wir so neugierig waren und im Internet nichts zu finden war, haben wir dem Gotthold halt ein paar Bilder aus unserem Biobuch gezeigt, da sind nackte Frauen drin, aber das hat ihn auch nicht gekratzt, der war total gechillt, und dann hat der Harry gemeint, vielleicht sieht er nicht mehr so gut, weil er ja bestimmt schon ein alter Knacker ist, und …«

»Das Tier ist gleich alt wie ich!«, empörte sich der Hofrat, dessen Gesichtsröte mittlerweile an eine reife Tomate erinnerte. »Somit ist es in den besten Jahren.«

Kai zuckte unbeeindruckt die Schultern. »Konnte der Harry ja nicht wissen«, sagte er und berichtete weiter. »Wir haben halt total viel überlegt, wie wir den Pimmel vom Gotthold doch noch rauskriegen, weil in unserer Klasse hat niemand eine weibliche Schildkröte, sonst ist uns aber nichts eingefallen. Und wie wir schon die Hoffnung aufgegeben haben, ist die große Schwester vom Harry auf Besuch gekommen, die Silke, die wohnt ja total weit weg, in Tirol auf einem Berg oder so, und die hat so ein Kräutermagazin mitgehabt, was sie auf dem Klo gelesen hat, und wie der Harry später auch mal kacken hat müssen …«

»Ich verbiete dir, solche Worte in den Mund zu nehmen!«, polterte der Hofrat. Sein kirschtomatenroter Teint war inzwischen von einem leichten Schweißfilm überzogen, was ein elterliches Sturmtief ankündigte, während der Sohn ziemlich standfest wirkte.

»'tschuldigung. Der Harry hat also auf die Toilette müssen, weil er kacken wollte, und dort ist diese Kräuterzeitung herumgelegen. Er hat sie durchgeschaut, weil ihm total langweilig war, und auf der vorletzten Seite ist eine Geschichte über die Elfenblumen drin gewesen und dass Ratten davon einen Ständer kriegen. Und da haben wir halt gedacht, dass das bei einer Schildkröte auch funktionieren könnte. Wäre so super gewesen, mal seinen Tellerpimmel zu sehen. Nur ein einziges Mal. Aber der Gotthold ist nicht geil geworden, überhaupt nicht, der hat nur gekotzt. Sauschlecht ist ihm gewesen. Aber das wollten wir nicht. Ehrlich.«

Der Junge hatte seinen Bericht beendet. Ich hielt die Luft an, um nicht lauthals loszuprusten, während Herr Rottenstein sich nahezu im Vibrationsmodus befand, so stark war er bei jedem der seiner Ansicht nach unaussprechlich vulgären Ausdrücke zusammengezuckt.

Erotisches Bettgeflüster kam ihm bestimmt nie in den Sinn oder über die Lippen. Vielleicht dachte er überhaupt nie an Sex, es gab solche Menschen, und die Kinder entstammten einer künstlichen Befruchtung. Wieder fiel mir Schopenhauer ein. Fast vierzig Jahre lang hatte ich den Philosophen total vergessen, und nun kam er mir schon zum zweiten Mal in den Sinn. Jedenfalls hatte der alte Frauenfeind mal gemeint, dass die Genitalien der Resonanzboden des Gehirns seien. Wer also nur hehre Gedanken hegte und selbst im Bett seinen Intellekt pflegte, der befruchtete eher seinen Geist als seine Bettgenossin.

Aber genauso gut konnte ich völlig falschliegen, und der Hofrat war einfach nur ein Bildungsbürger, Rosenkavalier und Freund schöner Worte, der auf Anstand und Benehmen Wert legte und die Schlafzimmertür vor den Kindern stets gut verschlossen hielt. Jedenfalls entschuldigte er sich gerade für die ungehörige Ausdrucksweise seines Jungen, bevor er mich nach meiner Meinung zu Kais Lügengeschichte befragte.

Der Vater tat mir fast ein wenig leid, doch ich musste seinem Sohn recht geben. »Über anatomische Besonderheiten eines Schildkrötenpenis weiß ich jetzt nicht Bescheid, aber Elfenblumen sind ein bekanntes Aphrodisiakum, da hat Kai schon recht. Deren durchblutungsfördernde Wirkung haben angeblich chinesische Ziegenhirten entdeckt. Kaum hatten ihre Tiere von den Pflanzen gefressen, führten sie sich auf wie Sodom und Gomorrha. Gestorben sind sie aber nicht, Elfenblumen sind nicht sonderlich giftig. Und was diese Rattenversuche betrifft, davon habe ich auch gelesen. Stand vor einiger Zeit groß in allen einschlägigen Medien.«

Einen Moment lang starrte Rüdiger Rottenstein mich an, als könne er nicht glauben, was ich soeben gesagt hatte.

Ich schob ein bekräftigendes »Doch, doch« nach.

Während der Junge mich nun dankbar anlächelte, begannen die Kiefer seines Vaters zu mahlen.

»Aber wenn die erektile Wirkung dieser Elfenblumen nicht erlogen ist, dann muss ich in der Folge davon ausgehen, dass mein Sohn abartige Interessen verfolgt und tatsächlich einen Biologielehrer besitzt, der über Schildkrötenpenisse referiert?!«, meinte er mehr zu sich selbst als an mich gewandt. Eine rhetorische Frage mit hörbaren Anklängen an ein baldiges Vieraugengespräch mit dem Naturkundelehrer und einer gehörigen Kopfwäsche für Kai.

Nun verstand ich auch, warum Rottenstein zuerst mich aufgesucht hatte. Er hatte keinesfalls riskieren wollen, sich vor einer Lehrperson mit haltlosen Anschuldigungen über unmoralische Sachverhalte zu blamieren, wenn die Sexualorgane von Schildkröten gar nie Thema des Unterrichts gewesen, sondern nur der Fantasie seines Sohnes entsprungen waren. Doch wenn Kais Ausführungen über die Elfenblume der Wahrheit entsprachen, dann musste mit großer Wahrscheinlichkeit auch die Sache mit dem Tellerpimmel stimmen.

Ich persönlich fand das alles ja überhaupt nicht schlimm. Sexualkunde hatte sich längst als Unterrichtsfach etabliert, der Biologielehrer seine Stunde spannend aufbereitet, und die beiden Jungs hatten Eigeninitiative und wissenschaftlichen Forscherdrang bewiesen. So einen Unterricht hätte ich mir zu meiner Schulzeit auch gewünscht. Da war immer nur von Mendel und seinen willfährigen Erbsen die Rede gewesen, einer langweiligen und völlig unerotischen Methode, sich der Fortpflanzung anzunähern.

Was ich nicht verstand, war Rüdiger Rottensteins Haltung, einen Giftmord eher zu tolerieren als eine Penisstudie. In seinem Leben köchelten die Leidenschaften wohl wirklich auf Sparflamme vor sich hin. Besser, ich fragte nicht nach.

Als die zwei sich verabschiedeten, nahm ich den Jungen kurz beiseite.

»Wie bist du überhaupt an Elfenblumen gekommen?«, fragte ich ihn.

»In der Gärtnerei gekauft. Von meinem Taschengeld«, antwortete er.

Ein durch und durch ehrliches Kind. Log nicht, stahl nicht, brachte Schwung ins Familienleben und hatte mir den lustigsten Vormittag seit Langem beschert.

Dass man rammelunwilligen Zuchtkaninchen Präparate der Einbeere verabreichte, um deren Deckunlust zu beheben, verriet ich Kai dennoch nicht. Rohe Einbeeren enthielten gleichfalls leicht toxische Substanzen, und die Schildkröte schien einen empfindlichen Magen zu haben.

Dann waren sie weg. Mitsamt der ramponierten Pflanze. Kaum hörte ich ihren Wagen über die gekieste Einfahrt rollen, brach sich mein unterdrücktes Lachen ungehemmt Bahn. Ich konnte einfach nicht mehr aufhören. Mir tat schon das Zwerchfell weh, und die Augen tränten, aber sobald das Wort »Tellerpimmel« in meinen Ohren nachklang, erlitt ich erneut einen Heiterkeitsanfall. Diese Geschichte würde ich nie vergessen und fortan beim Anblick meiner Elfenblumen unweigerlich an Schildkrötenpenisse denken.

Dabei war das Thema Liebe, Lust und Leidenschaft nun beileibe kein Klassiker komödiantischer Pflanzengeschichte, sondern eher ein jahrtausendealtes Trauerspiel.

Schon in der Steinzeit erregte der Wunsch nach größtmöglicher Potenz die Gemüter, aber natürlich nicht nur. Seit der Neandertaler aufrecht gehen lernte, war es Männern ein ernstes Anliegen, auch andere Körperteile problemlos in eine »erhobene« Position zu bringen. Etwaige unerwünschte Spätfolgen mussten dann meist die Frauen ausbaden, weshalb die Zahl an Aphrodisiaka und Abortiva gleichermaßen hoch war. Was seinerzeit so alles zur Luststeigerung oder für Schwangerschaftsabbrüche verwendet wurde, ging ohnedies auf kein Leintuch mehr. Beinahe jeder zweiten Pflanze wurde irgendein erotischer Nutzen angedichtet.

Da braute man(n) Liebestränke aus giftigen Alpenveilchen, rieb sich mit einem Auszug aus gesundheitsschädlichen Rosskastanien die Hoden ein, wusch das beste Stück mit einer Abkochung aus hautreizenden Akeleiwurzeln oder riskierte freiwillig sein Leben, indem man(n) zu vermeintlich berauschend-erotisierenden Tollkirschen, Bilsenkräutern, Alraunen oder Engelstrompeten griff, um schwächelnde Auferstehungsszenarien im Schambeinbereich zu vermeiden.

Ganz nach dem Motto: lieber tot als impotent.

Dabei waren die teuflischen Begleiterscheinungen nach dem Konsum von halluzinogenen Pflanzen seit Ewigkeiten bekannt. Wachkoma, Wahnvorstellungen, Krämpfe, Lähmungen, Tobsuchtsanfälle oder Delirien bis hin zum Atemstillstand.

Dennoch ließen die Männer nicht die Finger davon. Man(n) hatte doch so oft von den lustvollen Höhenflügen der Hexen gehört, mit kosmischen Orgasmen, wilden Orgien und Ähnlichem mehr. Von den damit verbundenen grausamen Bruchlandungen sprach man weniger. Kürzlich hatte ich sogar von einem Fall gelesen, wo sich vor gar nicht langer Zeit ein Jugendlicher im Zuge eines erotischen Horrortrips durch Engelstrompeten das eigene Glied abgebissen hatte. Gelenkig musste der Junge jedenfalls gewesen sein, Mannomann. Da konnten die rhythmischen Gymnastiksportler nicht mithalten. Weiter wollte ich nicht denken, da ich den Anblick von Blut nicht einmal im Kopfkino vertrug.

Dagegen war ein Petersilienrausch noch das geringere

Übel. Das einstige Geilkraut mochte einigen Herren im Falle mangelnder Standhaftigkeit tatsächlich »aufs Pferd« geholfen haben, den Frauen half es nur aus der Klemme, denn ihnen blieb es vorbehalten, sich nach diesen Ritten um die Beseitigung etwaiger Spuren zu kümmern. Und damit meinte ich keine Pferdeäpfel. Für den Abbruch einer ungewollten Schwangerschaft hatte man früher allein die Wahl zwischen Pest oder Cholera.

Arnika, Thujen, Aloe vera, Alpenveilchen, Weinraute, Eibe, Diptam, Petersilie, Wermut oder Sadebaum, sie alle hatten Karriere als Abortiva gemacht, mit oft tödlichen Folgen für Mutter und Kind.

Dioskurides, ein griechischer Arzt im alten Rom, warnte bereits vor fast 2000 Jahren vor etlichen dieser Praktiken. So schrieb er über das Alpenveilchen: »Es ist dieses Kraut nicht wol jnnerlich zu gebrauchen, dieweil es in seiner Operation viel zu starck ist, unnd sonderlich sollen sich schwangere Frauen darfür hüten, dann es der Frucht gar leichtlich großen Schaden thut.« Und der Sadebaum wurde sogar im *Hexenhammer* und von Papst Innozenz VIII. explizit verteufelt.

Die Doppelmoral der pflanzlichen Erotikbranche stieß mir jedes Mal sauer auf, wenn ich darüber schrieb oder las. Dass sich zahlreiche Kräuter auf beiden Seiten zu profilieren versuchten, konnte ich noch verstehen. Zum einen taten sie es nicht freiwillig, zum anderen existierte vielleicht eine Art botanisches Helfersyndrom, auch wenn ich bislang nichts davon bemerkt hatte.

Aber wie vertrug sich das Idealbild des superpotenten Mannes mit dem Idealbild der superkeuschen Frau? Wie lebte so ein Sperminator seine Triebe aus, wenn das Weib züchtig und brav zu sein hatte und sich außer zum Zwecke der ehelichen Fortpflanzung keine Topflappenlänge vom

Herd wegbewegen durfte? Ein jahrhundertelanger Widerspruch, der in vielen Regionen der Welt noch heute vorherrscht.

Es brauchte definitiv mehr Ökofeministinnen, eine neue Bewegung, die gegen die Beherrschung und Ausbeutung von Natur *und* Frauen antrat.

Bis dahin würden einige Gewächse wohl weiterhin unter ihrer Doppelbelastung leiden, einige Frauen unterdrückt werden und einige Männer denken, ein Y-Chromosom würde ihnen automatisch die Krone der Schöpfung aufsetzen. Und das, obwohl selbst ein Reiskorn mehr Gene besaß als der Mensch.

Bis vor gar nicht langer Zeit hatten Doktoren, Botaniker und sonstige Gelehrte sogar jedes Gewächs, das nicht nur Männern auf die Sprünge half, sondern auch Frauen auf den Geschmack brachte, explizit mit Warnhinweisen versehen, damit man seinem Heimchen am Herd rechtzeitig den Verzehr untersagen konnte. Achtung. Finger weg! Der Genuss dieser Pflanze könnte den trügerischen Hausfrieden gefährden.

Es hatte Zeiten gegeben, wo ein Mädchen nicht einmal Tomaten essen durfte, weil die Liebesäpfel als sündig galten. Aphrodisiaka waren nur den Herren gestattet. Da hieß es vom Gottesgnadenkraut, einem unscheinbaren Wegerichgewächs, es würde nymphomanische Zustände hervorrufen, während der kostbare Safran zu Unkeuschheit reizte. Also auch nichts für ein anständiges Weib. Dabei zählte ausgerechnet der Crocus sativus zu den seltenen frigiden Geschöpfen im Pflanzenreich. Ihn interessierte kein noch so ausgefeilter Blümchensex, da konnten die Bienen summen und brummen, wie sie wollten. Erst wenn der Bauer zugriff und jede einzelne Knolle händisch teilte, zeugte der Krokus ein paar Nachkommen.

Insofern fand ich es seltsam, dass es »der« und nicht »die« Safran hieß. Wo das Nobelgewürz doch der Inbegriff wahrer Keuschheit war. Ein jungfräuliches Gewächs, das kaum Ansprüche stellte, sittsam und bescheiden war, niemals mit seinen vielen Vorzügen prahlte und vor lauter Kleinwüchsigkeit selbst dann übersehen wurde, wenn es in voller Blüte stand. Nicht wie sein frühlingshafter Bruder, der sich überall breitmachte, in grellbunte Gewänder kleidete und mit sämtlichen Bienen anbandelte, die in seine Nähe kamen. Der Safrankrokus ließ sich weder umschwärmen noch begrapschen. Ich kultivierte diese exklusive Knolle seit Jahren, und bislang hatte sich keine einzige Schnecke an sie herangemacht. In meinen Augen stellte Safran das perfekte botanische Modell der eisernen Jungfrau dar – egal, ob nun männlich, weiblich oder divers.

Keine Eifersuchtsdramen, kein Konkurrenzneid, kein Zickenkrieg, keine aufdringlichen Hummeln und keine fiesen Tricks, um eine möglichst große Schar an Nachkommen im ganzen Garten zu verteilen – vielleicht war das asexuelle Leben des Crocus sativus gar nicht so übel. Ganz nach dem Motto »Mach dich rar, und du bist ein Star« hatte das Zwiebelgewächs sich nicht nur die beste Rundumversorgung gesichert, sondern Tausende Leute im wahrsten Sinn des Wortes in die Knie gezwungen. Die Zwiebeln mussten gesetzt und geteilt, starkwüchsige Nachbarpflanzen entfernt und die kostbaren Griffelfäden von Hand geerntet werden, wobei es für ein Kilo Gewürz an die 200 000 Blüten brauchte. Weltweit existierte wohl kein anderes Gewächs, dem man seit Jahrtausenden so beharrlich zu Kreuze kroch. Die Rose mochte angebetet werden, doch vor dem Safran fiel man aufs Knie. Und das nur wegen seiner inneren Werte, denn betörende Düfte, makellose Schönheit oder eine imposante Gestalt konnte der Krokus nicht bieten.

Zum Glück war es noch nicht Erntezeit, denn mein Hexenschuss hätte mir keine tiefe Verbeugung erlaubt. Selbst der Weg in den Garten stellte derzeit noch ein unüberwindbares Hindernis dar. Mein Mann war unterwegs, mir fehlte die starke Schulter, an der ich mich abstützen konnte. Dabei ließ mir die Sorge um die Zustände in meinem einst friedlichen grünen Reich seit Tagen keine Ruhe. Womöglich hatte der Kriechende Hahnenfuß die Gunst der vielen unbeaufsichtigten Stunden genutzt und den inoffensiven Safran schon unter sich begraben? Vielleicht hatte sich rings um Princesse Astrid de Belgique bereits ein Wald aus meterhohen Farnwedeln erhoben? Oder eine Großfamilie an wilden Karden war genau jetzt damit beschäftigt, das Kräuterbeet einzukesseln?

Und was, wenn Efeu, Bohne und die meuchlerische Zaunwinde (die sich bei mir überall emporwand, nur nicht am Zaun) eine Triple Entente gebildet und mit vereinten Kräften die Herrschaft an sich gerissen hätten? An eine Invasion von Nacktschnecken, Reiswanzen, Kartoffelkäfern oder Maulwurfsgrillen mochte ich gar nicht denken.

In einem Naturgarten lauerte der Feind hinter jeder Ecke. Selbst auf die »Netten«, die, die man gerne um sich hatte, musste man stets ein wachsames Auge haben. Hilda, das freiheitsliebende Houdini-Huhn, trug maßgeblich zur Minimierung des Regenwurmbestands bei, wenn man ihr nicht ständig auf den Schnabel schaute. Kater Boris kannte keinen Schmerz, wenn es darum ging, eine Maus bis ins dornigste Dickicht zu verfolgen oder Löcher bis zum Erdmittelpunkt zu graben, um seine Beute nicht entwischen zu lassen. Kater Willi hingegen, das Energiesparmodell, zertrampelte die Beete einfach auf der Suche nach dem kürzesten Weg von Schlafplatz A zu Schlafplatz B. Und selbst Franz, mein Lieblingsmensch, hatte mir bei diffizilen Wendemanövern mit der voll beladenen Schubkarre schon öfter die Adonisröschen geplättet.

Und nun saß ich seit Tagen da und konnte mich nur meinem Trennungsschmerz oder apokalyptischen Katastrophenszenarien hingeben, während die Pflanzen im Garten ganz allein auf sich gestellt waren. Ohne meine schützende Hand. Ein Drama.

Meine Schwarzseherei hatte bereits das Ausmaß einer griechischen Tragödie erreicht, als der Kies erneut knirschte, das Gartentor aufschwang, Carola erschien und auf mich zukam. Beschwingt, beinahe tänzelnd und mit Schuhen.

»Was ist los mit dir? Du hängst herunter wie eine Trauerweide?« Mit wehendem Rock ließ sie sich auf den Stuhl neben mich fallen.

»Hexenschuss.«

»Ach, Mist, aber du weißt ja, der Schuss vergeht, die Hexe bleibt.«

»Für diesen Kommentar müsste ich dir jetzt mit meiner Behelfskrücke eins überziehen.«

»Aber weil ich deine beste Freundin bin und deine Beweglichkeit vermutlich schon mal besser war, tust du es nicht, richtig?«

Damit hatte sie recht. Und irgendwie war ich ihr auch

dankbar, mich aus meinen Gartenuntergangsvisionen herausgerissen zu haben.

»Du trägst wieder Schuhe?«

»Hast du eigentlich noch große Schmerzen?«

»Lenk nicht vom Thema ab!«

Schweigen.

Ich versuchte mich an meinem besten autoritären Räuspern.

Es funktionierte. »Ich habe diese Eva-Maria kennengelernt. Du weißt schon, den absoluten Schatz.«

»Und? Jetzt spann mich nicht so auf die Folter. Es genügt, dass ich wegen dem dämlichen Hexenschuss kaum sitzen kann.«

»Also, diese Eva-Maria ist an die siebzig, verheiratet, drei Kinder, sieben Enkelkinder, und pensionierte Ärztin. Sie hat die Eltern vom Klaus behandelt, als sie noch praktiziert hat.«

»Gut. Also keine Geliebte. Hab ich dir gleich gesagt.«

»Nein, keine Geliebte, eher eine Art Vertraute für medizinische Angelegenheiten.«

Schweigen.

»Carola! Wir sind nicht beim Film, wo man jede halbwegs interessante Geschichte in vier Folgen oder zehn Staffeln zerstückeln muss. Komm bitte einfach zum Punkt oder zum Ende oder wohin auch immer.«

Erzählungen auf Raten überforderten meine Gedächtnisleistung. Wie bei diesen Fortsetzungsromanen in Zeitschriften, wo man längst vergessen hatte, wer wen mit wem betrogen und warum Tante Gertrud auf einmal tot im Wohnzimmer gelegen hatte, wenn endlich die nächste Ausgabe erschien.

»Na ja, die Sache ist die, also ich meine, ich will da jetzt nichts Blödes sagen, in Wahrheit ist es eigentlich eh nichts, und Klaus hat schließlich ein Recht auf Privatsphäre …«

»Und dieses Recht auf Privatsphäre, verbunden mit der Tatsache, dass es eh nichts ist, hat dich tagelang dazu bewogen, barfuß hinter ihm herzuschleichen und seine Telefonate zu belauschen?«

»Ich war eifersüchtig.«

»Ist ja okay. Verstehe ich. Aber ich würde jetzt wirklich gerne wissen, um welche medizinische Angelegenheit es geht?« Eine Krebsdiagnose schloss ich aus, dafür wirkte meine Freundin viel zu erleichtert. Die Sache mit der vermeintlichen Nebenbuhlerin schien ihr hingegen eher peinlich zu sein.

»Prostata.«

»Männerleiden, verstehe. Aber was genau?«

»Eine gutartige Vergrößerung. Aber die hat, nun ja, wie soll ich sagen, die hat im Gegenzug unser Sexualleben seit Monaten ziemlich verkleinert.«

»Das gibt sich wieder. Tumor, Querschnittslähmung, Alzheimer, Herzinfarkt, das sind die wahren Geißeln des Älterwerdens.« Und diese flächendeckend grassierende Digitalisierungsseuche mit virtuellen Ämtern und unerreichbaren Hotlines in irgendeinem Dritte-Welt-Land. Damit hatte ich heute schon ein Problem, obwohl ich angeblich zu den Best Agern gehörte.

Carola lächelte. »Ja, das hat diese Eva-Maria auch gemeint. Klaus hat ihr seine Befunde gezeigt.«

»Warum hat er dir nichts davon erzählt?« Dadurch hätten sich beide Seiten einiges erspart. Dass Schweigen Gold war, traf meiner Ansicht nach ohnedies nur in ganz seltenen Fällen zu. Etwa dann, wenn man des Mordes angeklagt war und ohne Rechtsbeistand einem Kreuzverhör unterzogen wurde. Ansonsten war miteinander reden immer noch die beste Lösungsstrategie.

»Er hat sich geniert und wollte mich nicht belasten.«

Genau das Gegenteil war eingetreten. Gut gemeint ist nicht immer gut gemacht, doch ich verkniff mir diese Lebensweisheit. Mit weisen Sprüchen war niemandem geholfen, damit erwarb man höchstens Facebook-Likes. »Ich hab eine Idee. Du hilfst mir jetzt, eine Gartenrunde zu drehen, damit ich mal Inventur mache, und dafür kriegst du jede Menge natürlicher Prostatamittel.«

Carola dachte kurz nach.

»Bist du sicher, dass du das schaffst? Auch wenn ich dich stütze?«

»Klar. Wie heißt es so schön? Nur die Harten kommen in den Garten.«

Nach etwa zehn Minuten hatten wir es tatsächlich geschafft. Ein unbeteiligter Beobachter hätte zwar meinen können, dass meine Freundin eine schwer alkoholisierte Person nach einem fatalen Treppensturz mit sich schleppte, doch dank ihrer tatkräftigen Hilfe stand ich endlich am Eingang meines Reiches. Sprachlos. Und das nicht, weil ich so stark außer Atem war.

Auch Carola hatte es kurzfristig die Rede verschlagen.

Vor uns erstreckte sich ein Dschungel. Alles, was wuchern konnte, war gewuchert. Es hätte mich nicht verwundert, ein paar Affen zu sehen, die an Gurkenlianen durch die Lüfte schwebten. Oder auf einen Kasuar zu stoßen, der im Dickicht der Kanadischen Goldruten (wo kamen die schon wieder her?) nach Schlangen suchte.

Meine Freundin war die Erste, die ihre Stimme wiederfand. »Wow! Das schaut ja aus wie ein Monsanto-Versuchsfeld für elefantenwüchsige Gartenstauden.«

Wenn es das nur wäre. »Ich fürchte, da ist keine Chemie mit im Spiel.«

»Sondern?«

»Machtstreben. Herrschaftsansprüche. Umsturzpläne. Konkurrenzneid. Anarchistische Tendenzen. Such dir was aus.«

Nachdenklich betrachtete Carola die Wand aus Wermut, eingebettet in einen Teppich aus Immergrün und umklammert von allem, was ranken konnte. Geißblätter, Zaunwinden, Gurken, Passionsblumen, Efeu, sogar der Hopfen hatte mitgemacht. Nur die Bohne konnte ich nirgendwo entdecken.

»Du meinst die Geschichte mit dem Rosenkrieg?«

Ich nickte.

»Lass uns weitergehen. Das will ich mir aus der Nähe ansehen.« Carola packte mich unter dem Arm, ich stützte mich ab, und gemeinsam schlugen wir uns durch. Anders konnte man die Fortbewegung in diesem gigantischen Wildwuchs der meisten Gartenbewohner nicht bezeichnen.

Ein Rudel Löwenzahn hatte sich zu Hochstammgewächsen entwickelt, die Herbstastern lagen mit dem Eisenhut im Clinch, statt Gras versperrten uns vertrocknete Farnwedel den Weg, das Bilsenkraut benutzte eine Hortensie als Kletterhilfe und überragte bereits den Fingerhut, und die Karden schienen mit den Nachtkerzen regelrecht zu tanzen.

Ich hielt nach dem Safran Ausschau, ohne ihn irgendwo zu entdecken, denn über allem wucherte Immergrün.

Meter für Meter kämpften wir uns voran. Feldrittersporn, Löwenmäulchen, Freesien, Klatschmohn, Storchschnäbel und Stundeneibisch sahen recht mitgenommen aus und drängten sich eingeschüchtert am Rand der Rabatten zusammen, während über ihnen ein Netz aus Ranken vom Kirschbaum zur Blutpflaume wogte. In zwei Beeten hatten sich Baldrian und Engelwurz breitgemacht und die Cosmeen ins Exil gezwungen.

Etwas besser sah es bei den Gemüsepflanzen aus. Vermutlich ahnten sie, dass ihr Ableben bald bevorstand und es eine sinnlose Vergeudung von Kräften wäre, beim Kampf um den Königsthron mitzumischen. Nur der Kürbis hatte sein gigantisches Blattwerk wie einen grünen Baldachin über die Hochbeetbewohner gespannt, doch das mochte Zufall sein, denn die Richtung stimmte nicht. Die Dornenaristokratie wuchs auf der anderen Seite.

Im Schattenbereich unter den Bäumen hielt sich der Aufruhr gleichfalls in Grenzen. Zwar hatten die Christrosen mal schnell das Bleikraut gekillt und an Volumen zugelegt, zeigten jedoch keinerlei Umzugstendenzen.

»Was ist hier passiert?«, flüsterte ich.

»Hoch lebe die Königin«, raunte die Pflanze zurück.

»Hast du was gesagt?«, fragte Carola.

»Nein. Nichts.«

Wenn die Schneerose nicht gelogen hatte, gab es demnach immer noch eine Regentin. Blieb die Frage, ob neu oder alt.

Etwa zwanzig Meter trennten uns noch von den Edelrosen, als mir die Stille auffiel. »Hörst du das auch?«

Meine Freundin verneinte. »Ich höre gar nichts.«

»Eben. Es ist verdächtig still.«

Kein Wispern, Rauschen, Murmeln, Grummeln, nicht mal ein leises Summen war zu vernehmen.

Entweder die Ruhe vor dem Sturm oder die Nachwehen einer Schlacht. Ich tippte auf Zweiteres, da es bereits jede Menge Opfer gab. Überall lagen geknickte, erdrosselte, überwucherte oder entwurzelte Pflanzen herum, als hätte eine Rotte Wildschweine Fußball gespielt.

Beim schmalen Durchgang zum Areal der Rosen traf ich auf die Bohne. Sie hatte es geschafft, mit ihren Trieben erneut zu meinem Schlafzimmerfenster vorzudringen. So wie es aussah, ragten einige Ranken sogar in den Innenraum hinein.

»Pech für dich!«, grinste ich. »Hast dich ganz umsonst angestrengt.« Der Kraftakt hatte ihr gar nichts gebracht, denn wegen meiner Kreuzschmerzen schlief ich auf dem Wohnzimmersofa im Parterre. So gesehen hatte mich mein Hexenschuss wenigstens vor einer Würgeattacke bewahrt.

Die Bohne schwieg. Sie wirkte ein wenig blässlich und ließ die Blätter hängen.

»Sei nicht traurig. Der Kompost freut sich schon auf dich.« Nicht, dass ich rachsüchtig wäre, aber meine innere Genugtuung musste ich zum Ausdruck bringen.

»Sprichst du immer mit deinen Bohnen?«

Ich hatte wohl wieder mal zu laut gedacht. »Ja«, gab ich zu. »Wir beide haben noch eine Rechnung offen.«

»Apropos offene Rechnung. Du hast mir ein Kraut für Klaus versprochen.«

»Stimmt. Hab ich beim Anblick meiner Gartenwildnis total vergessen. Weidenröschen. Am besten das Kleinblütige, aber das Schmalblättrige funktioniert auch gut. Ich habe Hunderte davon im Garten. Damit kann sich Klaus noch für die nächsten drei Wiedergeburten ein Prostataproblem leisten.«

»Und ich kann alle haben?«

»Alle. Die kommen sowieso immer wieder, ob du willst oder nicht. Ich schreib dir später noch auf, was du damit tun musst.«

»Bist ein Schatz!«

»Du auch!«

Wir meinten es beide so.

In enger Umklammerung bewältigten wir das letzte Stück. Carola war weitaus kräftiger, als sie aussah, denn ich würde unter meiner eigenen Last wahrscheinlich zusammenbrechen. Gemeinsam bogen wir um die alles entscheidende Ecke.

Hinter der Regenwassertonne und dem Sonnenschutzholunder eröffnete sich wie stets der freie Blick auf die Rosenbüsche. Und – ich traute meinen Augen kaum – die Rosen waren immer noch da. Die ganze hochblütige Adeligenclique: Diana, Princess of Wales, Madame Anisette, Prinzessin Alexandra von Kent, Gräfin Elke zu Rantzau und wie sie alle hießen. Weder Efeu noch Bohne, nicht einmal der Farn hatten ihr ein Blatt gekrümmt. Der Fassadenkletterer schien auf halbem Weg aufgegeben zu haben, die Feuerbohne hatte ihre Kräfte an mein Schlafzimmerfenster vergeudet, und die urzeitlichen Wedel hätten eine Sonnencreme mit Schutzfaktor fünfzig plus benötigt, um der Sommerhitze zu widerstehen.

Dennoch. Etwas war anders. Von Grund auf anders. Nur was?

Bevor mein innerer Erregungspegel so weit abgenommen hatte, dass ich wieder klar denken konnte, sagte Carola: »Komisch. Ich hätte schwören können, dass du auch rosarote und gelbe Rosen hattest.«

Das war es! Meine Teerosen hatten tatsächlich in allen Pastellfarben geblüht, von Zartrosa über Apricot, Orange, Goldgelb, Lila bis hin zu einem eleganten Fliederton. Nun trugen alle ausnahmslos weißliche Blüten, während der Boden um sie herum in einem satten, leuchtenden Grün erstrahlte.

»Komm!« Jetzt war ich es, die meine Freundin weiterschleppte. Ich musste das verstehen oder besser gesagt: begreifen, so wie es die Männer taten, also mit den Händen. Das Hirn würde sich dann hoffentlich zuschalten.

Entgegen meinen Befürchtungen, gemeinsam mit Carola einer temporären Wahnvorstellung erlegen zu sein, fühlten die Rosen sich an wie immer. Weder zerbröselten sie unter meinen Fingern, noch schnappten sie danach. Sie blieben allerdings ziemlich farblos, egal, wie tief ich in ihre Blüten starrte – und sie hatten jeglichen Duft verloren.

Dafür stieg mir ein anderer, sattsam bekannter Geruch in die Nase.

Petersilie. Ganz eindeutig. Von allen Seiten stieg das wohlbekannte würzige Aroma des Küchenkrauts auf.

Ich blickte zu Boden. Es war Petersilie. Bis auf die Wild- und Ramblerrosen, die außerhalb des eingezäunten Areals seit Jahren unbehelligt und ungepflegt vor sich hin wuchsen, hatten die grünen Gewächse jeden Zentimeter Erde eingenommen. Fehlte nur noch die Nymphe Kalypso, die den Odysseus bekanntlich auf der von Petersilie bedeckten Insel Ogygia verführte. Die meisten meiner »Bodendecker« sahen zwar noch recht klein aus, weshalb ich sie zuerst für eine willkürliche Mischung aus Unkräutern gehalten hatte, doch einige ragten bereits stramm empor. Und sie blühten, was normalerweise erst im zweiten Jahr geschah, dann, wenn sie giftig wurden.

»Hilf mir mal!« Mit Carolas Unterstützung beugte ich mich vorsichtig zu einem besonders hochgewachsenen Exemplar hinab. Weit musste ich mich nicht bücken. Der Stängel besaß die Dicke meines Daumens, der Blütenstand die Größe eines Suppentellers, und die gesamte Staude glänzte, als hätte man sie frisch lackiert.

Ich war ihr schon ziemlich nahegekommen, als ich den Gesang vernahm.

»*We are the champions*«, tönte es vielstimmig aus den Dolden, während die Blätter Beifall klatschten.

Damit hatte ich nicht gerechnet. Ausgerechnet das banale Gewürzkraut hatte den Thronfolgekrieg gewonnen. Nun verstand ich auch den mysteriösen Farbwechsel der Rosen. Sie waren gar nicht von der Sonne gebleicht. Die Blumen hatten die weiße Fahne gehisst und sich ergeben.

Auch meiner Freundin war der Petersilienrasen mittlerweile aufgefallen.

»So was hab ich noch nie gesehen«, sagte sie fassungslos. »Wie ein geschlossenes Bataillon stehen sie da. Ich sehe überhaupt kein Gras mehr.«

Ich auch nicht. Die harmlosen Halme schienen gesammelt den Rückzug angetreten zu haben.

Langsam zwang ich meinen Körper wieder in die Senkrechte. »Ich denke, die Schlacht ist geschlagen. Eine neue Königin steht fest. Diesmal definitiv jemand aus dem Volk, keine Aristokratin.«

»Also Schluss mit der floralen Erbmonarchie.«

»Ja. Es war wohl ähnlich wie ›Ein Garten sucht den Superstar‹. Eine botanische Talentsuche, eine pflanzliche Leistungsschau, etwas in der Art.«

Zu bieten hatte Petroselinum crispum wirklich genug, es musste sich nicht mit fremden Blättern schmücken.

Welches Gewächs konnte schon derart viele gute wie schlechte Eigenschaften in sich vereinen? Das Würzkraut hatte als botanisches Viagra ebenso gedient wie als pflanzliches Abortivum, verfügte über psychedelische und leistungssteigernde Seiten, seine Blüten und Samen wirkten toxisch, während die Blätter riesige Mengen an Vitamin C enthielten und gegen Blasenerkrankungen und Nierenbeschwerden halfen. Im alten Griechenland galt Petersilie sogar als heilig, mit ihren Stängeln wurde Liebeszauber betrieben, und erst das aromatische Gewürz hob Suppen und Kartoffelgerichte in den kulinarischen Adelsstand. Ihr zu Ehren wurden Hochzeiten gefeiert (Petersilienhochzeit nach 12,5 Jahren, verleiht der Ehe neue Würze), nach der Rezeptur von Hildegard von Bingen Weine hergestellt und Stoffe gefärbt.

Dennoch wurde dieses Multitalent kaum mehr gewürdigt: in pflanzlicher Intensivmast wie Nutzvieh aufgezogen, im Supermarkt zu Tausenden vertrieben und letztlich dem Spanferkel in den Rüssel gesteckt – kein schönes Leben.

Nicht einmal mehr erwachsen werden durfte das Kraut. Nur selten sah man es in voller Blüte stehen. Aber heute und hier in meinem Garten hatte der Doldenblütler sich sein angestammtes Recht erkämpft.

»Ich werde den neuen Superstar blühen lassen«, beschloss ich. »Petersilie hat eindeutig mehr Bewunderung verdient. Sie hat schließlich in jeder Hinsicht bewiesen, welche Kraft in ihr steckt.«

»In ihr steckt, mhm«, seufzte Carola und sah auf einmal ganz verträumt aus. »Die Weidenröschen. Können wir jetzt?«

Ich nickte. Und sagte ausnahmsweise nichts.

Als wir uns zum Gehen wandten, stolzierte Kater Boris daher. Mit erhobenem Schwanz und einer Maus im Maul schnurstracks auf die Petersilie zu. »Miau«, meinte er, blinzelte ein paarmal glücklich und ließ die Beute mitten auf den neuen Gewürzrasen fallen, als wolle er dem siegreichen Kraut seine Huld erweisen.

ENDE

Thomas Bugnyar

RABEN

Das Geheimnis ihrer erstaunlichen Intelligenz und sozialen Fähigkeiten

Eine Entdeckungsreise in das Leben,
Denken und Fühlen der Raben.

Sie sind bekannt für ihre Intelligenz, für das clevere Benutzen von Werkzeugen und für ihren ausgeprägten Sinn für soziales Miteinander. Mit ihren besonderen Charakterzügen und ihrer Fähigkeit, sich auf viele unterschiedliche Lebensräume einzustellen, sind Raben schon immer treue Weggefährten der Menschen.

Der renommierte Rabenforscher Thomas Bugnyar nimmt uns mit in die Welt dieser faszinierenden Tiere.

> »Sosehr ich in all den Jahren versucht habe, Raben zu verstehen – am verblüffendsten fand ich stets die Situationen, in denen ich bemerkte: Sie verstehen mich.«
>
> *Thomas Bugnyar*

KNAUR